岩黄芪属
优良固沙植物的研究

◎ 闫志坚　尹　强　著

中国农业科学技术出版社

图书在版编目（CIP）数据

岩黄芪属优良固沙植物的研究 / 闫志坚，尹强著．—北京：中国农业科学技术出版社，2018. 12

ISBN 978-7-5116-3951-6

Ⅰ. ①岩…　Ⅱ. ①闫…②尹…　Ⅲ. ①黄芪属-固沙植物-研究　Ⅳ. ①S288

中国版本图书馆 CIP 数据核字（2018）第 288886 号

责任编辑　闫庆健　陶　莲
责任校对　马广洋

出 版 者　中国农业科学技术出版社
　　　　　北京市中关村南大街 12 号　邮编：100081
电　　话　(010)82109705(编辑室)　(010)82109704(发行部)
　　　　　(010)82109709(读者服务部)
传　　真　(010)82106625
网　　址　http://www.castp.cn
经 销 者　各地新华书店
印 刷 者　北京富泰印刷有限责任公司
开　　本　710mm×1 000mm　1/16
印　　张　8
字　　数　154 千字
版　　次　2018 年 12 月第 1 版　2019 年 2 月第 2 次印刷
定　　价　48. 00 元

《岩黄芪属优良固沙植物的研究》

著者名单

著　者： 闫志坚　尹　强

参著者：（按姓氏笔画排序）

于　洁　王明玖　王育青　王　慧

白健慧　刘桂香　刘鹰昊　赵云华

高　丽　高海军　孟元发　张　杰

鲍青龙　戴雅婷

资助项目及单位

1. “十三五”国家重点研发计划“科尔沁沙质草甸草地退化治理技术与模式”(2016YFC0500605)

2. 公益性行业(农业)“河套灌区苜蓿高效种植技术研究与示范”(201403048-7)

3. 中国农业科学院科技创新工程“非生物灾害防灾减灾团队”(CAAS—ASTIP—IGR2015-04)

4. 国家牧草产业技术体系鄂尔多斯综合试验站(CRAS-35-29)

5. 农业部鄂尔多斯沙地草原生态环境重点野外科学观测试验站

序　言

沙漠化是荒漠化中分布面积最广，危害最严重的类型之一。目前，我国沙漠化土地面积已达 $1.74 \times 10^6 km^2$，约占国土总面积的 18.2%，年均扩展3 436 km^2。沙漠化已成为我国最严重的自然灾害和重大环境问题，制约着我国经济的可持续发展。因此，防治沙漠化的意义不止于治理和改善生态环境本身，而且对改变我国西部地区的贫困落后面貌，促进沙漠化地区经济、社会的可持续发展乃至整个国家经济腾飞都具有重要意义。

目前，我国业已形成了一套成熟的沙漠化防治技术体系，即植物固沙、工程固沙和化学固沙技术，其中植物固沙是控制和固定流沙最根本且经济有效的措施。在我国西部干旱、半干旱地区，真正能发挥效益的牧草和生态用草主要是一些多年生灌木、半灌木。这些灌木、半灌木对干旱、半干旱地区环境有较强的适应性，适应栽培范围广，在防风固沙、水土保持、改善生态环境方面有突出作用。此外，灌木还可作为饲料或燃料使用，有较高的饲用经济价值。经过几十年的不懈探索，筛选出了适宜于我国西部沙区栽培种植的灌木草种，主要有沙打旺（*Astragalus huangheensis*）、沙蒿（*Artemisia arenaria*）、山竹岩黄芪（*Hedysayum fruticosum*）、小叶锦鸡儿（*Caragana microphylla*）、细枝岩黄芪（*Hedysarum scoparium*）、塔落岩黄芪（*Hedysarum leave* Maxim）、中间锦鸡儿（*Caragana intermedia*）、柠条锦鸡儿（*Caragana korshinskii*）、沙棘（*Hippophae rhamnodides*）等。

沙漠化防治的原则是生态效益、经济效益和社会效益的协调统一，生态效益优先，兼顾经济效益和社会效益，只有这样才能使我国的生态治理与恢复长期坚持下去，并且使生态建设的成果得到巩固。为此，对当前生态治理中常用的锦鸡儿属和岩黄芪属植物在内蒙古自治区库布齐沙漠东缘种植并进行了研究，由于很多学者对锦鸡儿属植物进行过细致充分的研究。本书以锦鸡儿属植物作对比对岩黄芪属主要栽培种细枝岩黄芪、塔落岩黄芪和山竹岩黄芪的生物学、生态学、生理生态学、饲用营养价值和生态效益等方面进行了深入细致的研究。

著　者

2018 年 11 月

目　录

1 绪论

1.1 我国沙漠化现状

荒漠化是当今世界关注的十大环境问题的焦点，土地荒漠化所造成的生态环境恶化及其对社会经济发展的阻碍，已成为21世纪威胁人类生存、社会稳定与可持续发展的严重问题之一[1-2]。全球$5.00\times10^9km^2$以上土地退化，使全球43%的陆地植被生态系统的服务功能受到影响。全球荒漠化土地达$3.60\times10^9km^2$以上，占全球干旱地面积的70%[3]。我国是世界上受荒漠化危害最严重的国家之一，根据《中国荒漠化报告》2002年全国最新荒漠化监测数据，中国荒漠化土地面积为$2.67\times10^6km^2$，占国土总面积的27.3%，每年因荒漠化造成的直接经济损失达540亿元人民币，约占全球荒漠化经济损失的15.5%[1-3]。沙漠化（Sandy Desertification）是荒漠化的主要类型之一，影响范围广泛，危害程度高，造成的损失也最为严重。沙漠化是在干旱多风的沙质地表条件下，由于人为活动破坏了脆弱的生态平衡，造成地表出现以风沙活动为主的土地退化，简称沙漠化[4-6]。据林业总局2003年统计，目前全国沙漠化土地面积已达$1.74\times10^6km^2$，占国土总面积的18.2%，年均扩展$3436km^2$，西部沙化土地面积$1.64\times10^6km^2$，约占全国的94%。其中人类活动导致的现代沙漠化土地约$3.70\times10^5km^2$。尽管我国开展沙漠化研究与防治已有半个世纪，但沙漠化面积一直在加速扩展，特别是，近年来土地沙漠化的速率不断加快，20世纪60—70年代为$1560km^2\cdot a^{-1}$，80年代为$2100km^2\cdot a^{-1}$，90年代为$2460km^2\cdot a^{-1}$，20世纪末至21世纪初达到$3400km^2\cdot a^{-1}$。土地沙漠化给生态环境和社会经济带来了极大危害，特别是突发性风沙灾害—强沙尘暴的发生频率越来越高，直接危害西北和华北地区，并影响到我国南方[7-17]。

沙漠化土地主要分布在北方干旱、半干旱和部分半湿润地区，从东北经华北到西北形成一条不连续的弧形分布带，尤以贺兰山以东的半干旱区分布更为集中[4]。而该地区正是我国的草原分布区，因此，土地沙漠化问题实质上是草原沙漠化问题。我国草地面积为$3.93\times10^6km^2$，约占国土总面积的41.7%，为现有农田的4倍左右。我国北方草地近$3.00\times10^6km^2$，是我国重要的放牧业畜牧业基地，同时又是北方和京津地区重要的绿色生态屏障[18]。进入 20 世纪 60 年代以来，在利用强度不断加大加之不利自然因素影响下，我国草地发生大面积退化，据国家环境保护总局发布的“2000 年中国环境状况公报”，目前全国 90%的草地不同程度地出现退化，其中中度退化以上的草地面积已达 50%左右。草地退化（rangeland degradation）引发的沙漠化为中国荒漠化中最严重的类型，其特点是面积最大，分布最广，危害也最为严重，由草地退化引起的荒漠化占荒漠化总面积的 40.1%[6-14]。

内蒙古自治区（以下简称内蒙古，全书同）是我国荒漠化危害最严重的省（区）之一，荒漠化总面积为 6.59×10^5 km^2，占全国荒漠化总面积的 25.1%。2002 年国家林业总局发布的第二次全国荒漠化、沙化土地监测结果，内蒙古的沙漠化土地已达 $4.21\times10^5 km^2$，占内蒙古总土地面积的 35.66%。20 世纪 60 年代初全区有沙漠化土地面积 182 483km^2，15 年（1975 年）沙漠化土地扩大了 41 981km^2，年平均扩大 2798.7km^2，年增长率为 1.53%。到 1995 年全区沙漠化土地面积为 239 726km^2，与 70 年代中期相比，19 年间沙漠化土地又新增了 15 262km^2，年平均增加 803.3km^2，但年增长率显著降低，从 1.53%降到 0.36%，沙漠化土地发展趋势明显减缓。但局部地区仍然相当严重，全国沙漠化扩展速度达 4%以上的地区有 7 处，内蒙古地区就有 3 处，全区沙漠化土地 2/3 来自草原沙漠化[15-17]。内蒙古沙漠化发展趋势与全国沙漠化特征相似，即局部改善，整体还有蔓延恶化之势，沙漠化土地仍以中度为主，在 50%左右。沙漠化土地不仅具有面积不断扩大，占地比例逐渐增高的趋势，而且具有发展速率加快，沙漠化日趋严重势态[17]。

沙漠化是由不合理的人类活动与脆弱的生态环境相互作用所造成，表现为土地生产力下降、土地资源丧失、地表呈现类似沙漠景观的土地退化。随着土地沙漠化的加速发展，突发性风沙灾害—强沙尘暴的发生频率愈来愈高。据统计，我国北方在 20 世纪 50 年代共发生大范围强沙尘暴灾害 5 次，60 年代 8 次，70 年代 13 次，80 年代 14 次，90 年代 23 次。沙尘暴直接危害西北和华北地区，并影响到我国南方和整个东亚，成为东北半球一个重要环境问题。特别是 2000 年春季，北京地区遭受 12 次沙尘暴袭击，沙尘暴出现时间之早、发生频率之高、影响范围之广、强度之大为历史所罕见[11]。

1.2 沙漠化的危害

沙漠化给生态环境和社会经济带来极大危害，据估算，每年造成的直接经济损失达 540 亿元，而间接经济损失是直接经济损失的 2~8 倍，甚至达到 10 倍以上[8]，沙漠化的危害主要表现在以下几个方面：

1.2.1 破坏生态平衡

沙漠化使环境恶化和土地生产力严重衰退，危及当地人民的生存发展，加重了贫困程度，有的地方已经出现了成批的生态难民。由于沙漠化不断扩展，沙尘暴频繁发生，不仅对生产建设成极大破坏，而且给人民的生命财产带来重大损失。

1.2.2 破坏土地资源

沙漠化导致大面积可利用土地资源的丧失，缩小了人类的生存空间，每年因沙漠化的扩展导致损失一个中等县的土地面积。可利用土地质量下降，造成农牧业生产减产甚至绝收，内蒙古 2000 年草场普查数据显示，内蒙古现有退化草地面积 $4.28\times10^5km^2$，草地退化一方面表现为植株变得低矮稀疏，产草量下降；另一方面表现为豆科和禾本科等优良牧草数量减少，有毒有害、适口性差和营养价值低的植物增加，牧草质量下降，每只羊单位拥有天然草场面积从 20 世纪 50 年代的 $11hm^2$降至 60 年代的 $1.98hm^2$，到 1999 年为 $1.1hm^2$。

1.2.3 破坏生产、生活设施

沙漠化严重威胁村镇、交通、水利、工矿设施及国防基地的安全，影响工农业生产，制约经济腾飞，沙区铁路的 42%受到风沙威胁。

1.2.4 加剧了农牧民的贫困程度，影响社会安定和民族团结

沙漠化使人类的生存环境恶化，耕地、草场、林地等可利用土地资源质量下降或生产力丧失；破坏生产和生活设施，严重时迫使人们背井离乡。因此，沙漠化是干旱、半干旱地区产生贫困的重要因素。我国少数民族聚集区多位于沙漠化地区，沙漠化和贫困的长期困扰以及与发达地区经济差距过大，有可能转化为社会矛盾，从而影响民族团结和社会稳定。

1.2.5 生物质量变劣、物种丰度降低，对生物多样性构成严重威胁

在干旱区尤其是沙漠化地区，保护生物多样性具有特别重要的意义：①沙漠化地区的动植物在极端的自然条件和长期进化过程中，成功地发展了许多适应机制，其中许多野生植物资源是防治沙漠化生物措施的重要种质资源。②沙漠动植物中包含许多有较高经济价值的种类，其具有的价值也许当代人无法研究。③沙漠生态系统在固定流沙、减弱风蚀，改善环境方面起着不可替代的作用，沙漠生

态系统的破坏将导致环境的恶化。

土地沙漠化不仅影响着我国农牧业的可持续发展，也是制约西部大开发的重要环境障碍，影响着沙区人民生活、生产，而且导致贫富加剧，拉大东西差距，进而影响社会稳定，民族团结，国防安全乃至全国的长治久安[18]。

1.3 沙漠化的防治

防治土地沙漠化是指通过人工措施消除沙漠化产生的人为因素，着重建设适于人类生存的生态环境，恢复和发展生产力，实现社会经济的可持续发展[19]。1958 年 10 月，党中央在呼和浩特召开了西北和内蒙古六省区第一次治沙会议，从此揭开了对我国沙漠进行治理和改造利用的序幕。1977 年内罗毕联合国荒漠化会议之后，我国科学家着重对荒漠化问题进行了一系列研究。至 20 世纪 80 年代末期，基本调查清楚了我国沙化土地的分布状况，并按其发生、发展的程度进行了分类。同时，对沙漠化的成因做了初步研究，认为沙漠化是自然和人为因素共同作用的结果，提出了一系列治理的途径与措施。90 年代以来，我国组织完成了第一次全国沙化及荒漠化土地普查，开展了对我国沙漠的形成时代、演变规律及成因机制的研究。

20 世纪 50 年代末期，在宁夏回族自治区（以下简称宁夏，全书同）沙坡头、内蒙古蹬口、陕西榆林、甘肃民勤、青海沙珠玉、新疆维吾尔自治区（以下简称新疆，全书同）莫索湾建立了 6 个治沙综合试验站，通过生物和工程措施，使当地的流沙得到了有效治理，提高了植被盖度，改善了环境条件，并且对全国防沙治沙起到了良好的示范作用。几十年来我国在沙漠化防治实践中取得了 100 多项成熟技术和治理模式，对我国防沙治沙工程建设起到了巨大的推动作用，在国内外产生了积极的影响，引起了广泛的关注，为沙漠化防治奠定了坚实的基础。通过广泛推广和应用这些成熟的沙漠化防治技术与模式，并注重借鉴国外先进技术，完全可以满足我国沙漠化防治工程建设的需要。

目前，我国沙漠化防治的技术体系业已形成。围绕沙漠化防治三大目标即“防、治、用”的各项技术措施日臻成熟与完善，形成了一套成熟的沙漠化防治技术体系[19]。“防、治、用”的内容即“防”是防止沙漠化的进一步扩展，“治”是治理已有沙漠化土地，“用”是开发利用沙漠化土地。由于草地的退化是我国沙化土地持续扩大的主要原因，因而，退化、沙化草地的恢复与治理是防治沙漠化最根本的途径。对于已退化、沙化草地，除了及时调整放牧强度和采取合理的放牧制度外，进行培育改良和更新复壮是促进其迅速恢复的有效途径。退化、沙化草地补播优良牧草是加速草地恢复和提高草地产量、改良草地质量、改善生态环境的重要措施，在有条件的草地沙化、退化地区都应重视草地补播改良，补播改良适应用于半干旱地区的流动、半流动沙地或植被盖度小于30%的退化、沙化草地，极端干旱地区或郁闭度较大的草地不宜采用。沙化、退化草地补播改良主要有飞播和人工播种两种方法，其中飞播适用于地形开阔，播种面积较大的地区。人工播种适用于小面积沙化、退化草地改良所使用。人工补播是采取机械或手工在退化、沙化草地上直接撒种牧草的一种方式，具有播种面积不受限制，可随时播种，方便可靠、投资少、效益好等优点。

大部分沙化地区草地土壤疏松，水分有效性高，植被盖度低，有利于补播草种的覆土，萌发。但沙区草地气候干旱，风沙活动强烈，其土壤流动性强，易干燥，对补播牧草生长不利，补播时应注意草种的选择。适于半湿润沙区草地补播的草种有沙打旺（*Astragalus adsurgens*）、草木樨（*Melclotus suareolens*）、羊草（*Leymus chinenses*）、沙蒿（*Artemisia arenaria*）和山竹岩黄芪（*Hedysayum fruticosum*）等；适于半干旱地区补播的有沙打旺、小叶锦鸡儿（*Caragana microphylla*）、细枝岩黄芪（*Hedysarum scoparium*）、塔落岩黄芪（*Hedysarum mongolicum*）、差巴嘎蒿（*Artemisia halodendron*）、沙棘（*Hippophae rhamnodides*）、白沙蒿（*Artemisia sphaerocephala*）、黑沙蒿（*Artemisia ordosica*）、沙米（*Agriophgllum arenrium*）和达乌里胡枝子（*Lespedeza davurica*）等；适于干旱和极端干旱地区补播的主要草种有白沙蒿、细枝岩黄芪、塔落岩黄芪和梭梭（*Haloxylon ammadandron*）等[19]。

1.4 固沙型灌木的研究

在干旱、少雨、多风沙的荒漠地区（沙区），适宜乔木生长的范围是极为有限的，根据多年的研究和实践证明，在我国西部干旱、半干旱地区，真正能发挥效益的牧草和生态用草主要是一些多年生灌木、半灌木，我们称之为“牧灌”，这些灌木对干旱、半干旱地区环境有较强的适应性，适宜栽培范围广，在防风固沙、水土保持、改善生态环境方面有突出作用。此外，灌木林还可提供饲料、燃料，有较高的饲用价值。

1.4.1 适宜种植的固沙灌木的筛选

我国科研工作者经过多年的研究和探索，筛选出了一批适合各沙区生长的优良灌木，主要是梭梭、白梭梭、小叶锦鸡儿、柠条锦鸡儿、中间锦鸡儿、沙拐枣、细枝岩黄芪、塔落岩黄芪、沙柳、胡枝子、沙蒿等，经对其生物学、生态学特性，育苗技术、栽培技术、抚育管理技术及病虫害防治等技术的深入研究，已较全面的掌握了它们的特性和繁殖栽培技术，为今后更好地推广利用固沙灌木提供了良好的依据，为采取生物措施治理沙化土地奠定了物质基础。

固沙植物的引种与筛选同治理沙害密切结合，尽管起步较晚，但取得的成就是巨大的，我国各沙区利用生物措施治理沙害的成果就是证明。如陕西榆林和内蒙古鄂尔多斯市和阿拉善等飞播营造的细枝岩黄芪、塔落岩黄芪、柠条锦鸡儿、沙蒿等灌木林，不仅改善了生态环境，而且解决了牧民的家畜饲料和薪柴问题。新中国成立以来，国家实施了一大批重大生态建设工程，约有12%的沙化土地得到了治理，$1170\times10^4hm^2$退化草场得到保护与恢复，产草量增加20%以上，取得了明显的生态、社会和经济效益。

1.4.2 固沙型灌木的抗旱种植技术研究

抗旱种植技术一直是固沙型灌木的研究方向之一，很多的科研工作者对其进行了长期的研究，获得了一批有价值的研究成果。刘瑛心对宁夏沙坡头地区研究认为，在年降水量为150～250mm的荒漠化草原和草原化荒漠带，由于雨量少，植被生长缓慢，春季栽植植物在春天风季不能抵抗风沙危害，必须加以保护，设置沙障。根据水分及营养需求分析，认为细枝岩黄芪的适宜密度为12～32株/$100m^2$、柠条锦鸡儿为30～50株/$100m^2$、油蒿为70～80株/$100m^2$[20]。海玉生进行的4种沙生灌木在流动沙丘、半流动沙丘的造林研究结果表明：细枝岩黄芪、塔落岩黄芪更适合用于固定沙丘[21]。还有一些人对塔落岩黄芪、柠条锦鸡儿、沙棘等固沙灌木的生物学、生态学特征及种植技术进行了细致的研究，提出了各种灌木适宜的种植栽培技术特点[22-24]。

此外，在灌木种类配置，生长状况分析预测方面，也有人进行了探讨和研究，刘存琦进行了灌木植物量测定技术的研究[25]，黄祖杰等进行了塔落岩黄芪和细枝岩黄芪植株生物量蓄积特性及产量估测模型的研究[26]，李钢铁等对旱生灌木生物量预测模型的研究确立了灌木生物量预测模型[27]。这都为灌木生长研究的定量化打下了坚实的基础，对沙区干旱条件下的灌木栽培具有直接的指导意义。

1.4.3 固沙型灌木抗旱生物学研究

在灌木抗旱生物学研究领域内，主要研究灌木自身对环境条件的适应能力，即种子的萌发能力，灌木的生根发芽能力，根系状况及形态解剖特征等，后者则是研究的重点。

经过对多种灌木植物解剖学的研究，发现旱生的固沙灌木在叶片的结构上有如下特征：叶片退化或变小（有的退化为刺），气孔下陷，叶多被有致密的白色绒毛或鳞片，单位面积气孔数量多，表皮细胞外有较厚的角质层，叶肉组织多为只有栅栏组织且排列紧密，而海绵组织很少或无，维管束极为发达[28-38]。

1.4.4 固沙型灌木抗旱生理学研究

过去，有关固沙灌木的逆境生理研究主要集中于沙生植物的生理特征研究，其中比较深入方面为沙生植物的水分生理研究，如植物的束缚水、自由水研究，蒸腾系数和速率研究及水分亏缺研究[39-40]。近15年来，已开始注意沙漠化过程与植物生理变化的关系及植物对沙漠化的适应机制和对策的研究。研究内容涉及植物的光合速率、保护酶系统、渗透调节物质的变化、质膜透性及膜脂过氧化作用。植物抗逆演替等[41-59]，得出了一些有意义的结论，如沙生植物在干旱高温逆境条件下光合曲线呈双峰形或低缓型，光合速率低，湿润条件下呈单峰形，光合速率高；含水量高的植物，光合速率和蒸腾速率亦高，环境胁迫下气孔调节程度低，水分利用效率亦低，含水量低的植物则相反；高温、干旱条件下，抗性强的植物细胞失水少而慢，复水后细胞恢复吸水，可溶性糖、脯氨酸积累迅速，保护酶活力可迅速增强，且与膜脂过氧化物作用成负相关，细胞表现出良好的弹力，抗逆性弱的植物则相反。

1.4.5 固沙灌木的土壤改良作用

在土壤—植物系统中，研究植物引起的土壤变化，对了解系统养分动态，植物的种间竞争等有着重要作用。在自然条件下，随着灌木的生长，植被的覆盖度逐渐增加，流动沙丘向半固定沙丘、固定沙丘演变，灌木及其相应植被以其茂密的枝叶和枯枝落叶庇护着表层土壤，防止风蚀和水蚀的发生，灌木根系和枯枝落叶可以加速土壤的形成，提高土壤的养分和黏结力，改善土壤的物理性状。苏永中对几种灌木、半灌木对科尔沁沙地土壤肥力的影响进行了研究[60]，结果表明：在灌丛下土壤有机C、全N和全P分别比灌丛间地高56%、51%和37%，土壤电导率提高了56%，但pH值并无明显变化；曹成有等对科尔沁沙地小叶锦鸡儿人工固沙区土壤理化性状的变化的研究，结果表明：随着灌木林龄的增长，固沙地的土壤理化性质均得到较好的改善，土壤黏粒含量增加、表层容重变小、孔隙度增大、土壤持水性和渗透性能均有所提高，有机质，速效N、P、K的含量大幅度增加，但土壤水分含量却出现了下降的趋势，同时，随着林龄的增长，小叶锦鸡儿固沙林地土壤酶活性逐渐提高，20年生的土壤酶活性基本接近于天然群落，表明小叶锦鸡儿是本地区优良的固沙灌木[61]。

1.4.6 固沙灌木营养价值的研究

干旱、半干旱地区植被覆盖度低，不仅缺薪柴，而且饲料也同样缺乏，是制约当地畜牧业发展的重要因素，同时也是因过度放牧导致生态环境恶化的直接因素，所以灌木的饲料价值在干旱、半干旱地区的生态建设和经济发展中具有重要作用。灌木不仅鲜叶、嫩枝的产量高，而且营养丰富，可以和优质草本牧草相提并论。王玉魁等对乌兰布和沙漠沙生灌木饲用营养成分进行了研究，结果表明：5种沙生灌木（梭梭、细枝岩黄芪、塔落岩黄芪、乔木状沙拐枣和中间锦鸡儿）营养成分和氨基酸含量丰富，部分指标高于紫花苜蓿、玉米秸秆，适宜于家畜饲养要求；粗蛋白质含量15.99%~9.10%；粗纤维含量37.94%~20.71%，有机质含量93%左右；粗脂肪4.36%~3.19%[62]。许冬梅等对毛乌素沙地几种沙生灌木养分含量动态进行了研究，结果表明：5种沙生灌木粗蛋白质含量都有随着生长季节不断下降的趋势，中间锦鸡儿、柠条锦鸡儿、沙柳峰值出现在花期；细枝岩黄芪、塔落岩黄芪、以营养期最高，果后营养期居中，枯黄期最低。纤维性物质（NDF、ADF、木质素）含量，中间锦鸡儿、柠条锦鸡儿、沙柳呈下降-上升趋势，果后营养期均降到最低；细枝岩黄芪、塔落岩黄芪NDF以营养期最低，果后营养期居中，ADF、木质素含量以果后营养期最低[63]。其他人也对灌木的营养成分进行了细致的研究[64-66]。

1.5 岩黄芪属植物的研究

在我国各类型天然草场的沙地上，生长着一些岩黄芪属的饲用灌木，均为落叶亚灌木，是产量高而稳定的优良防风豆科灌木，有的种已有较长的栽培历史，如塔落岩黄芪（羊柴）近100年，细枝岩黄芪（花棒）50余年，山竹子岩黄芪（山竹子）20余年。近年来在北方干旱、半干旱地区沙区普遍采用这3种岩黄芪属植物进行大面积飞播及人工栽种，用于防风固沙，封育5~7年的岩黄芪灌木林，可使地面风速明显降低，流动沙丘得以固定，有效地改善了生态环境，低层植被得以恢复。岩黄芪属植物的茎、叶、花果是高蛋白、高脂肪的优质饲料，均为各种家畜所喜食，可四季放牧或调制干草，可大幅度提高载畜量，在干旱、半干旱沙区治理国土、改善生态环境、发展生态畜牧业中具有巨大的发展潜力。岩黄芪属 *Hedysarum* L 是 Linneaus 1753年建立的，该属的研究历史悠久，早在18世纪就有了有关该属植物的文献描述，到了20世纪各国学者对本属植物进行了更深入，更系统的研究。全世界岩黄芪属植物有140多种，广布于北半球温带[67-77]。分布于蒙古高原的岩黄芪属植物有19种、3变种[78]。虽然有一些科研工作者对岩黄芪属几种主要栽培种进行了一些研究，但是主要局限于岩黄芪属植物种子萌发的特点、种子萌发对干旱胁迫的响应、苗期抗旱性研究[79-82]，蒙古高原岩黄芪属植物的分支分类[78]，生物量和生理等方面[83-84]，个别种的饲用营养价值及其木材的构造、纤维形态和化学成分的分析[85-86]等方面，对岩黄芪属主要栽培种细枝岩黄芪、塔落岩黄芪、山竹子岩黄芪在内蒙古库布齐沙漠的生物生态学特性、生理生态学、饲用营养价值研究等方面尚无人进行系统综合的研究。在沙区生态治理中注重生态效益的同时，开展岩黄芪属植物的经济效益及其综合特性的研究对扩大牧草品种资源，巩固生态治理和建设的成果，发展该区生态草地畜牧业是有重要意义。

2　试验区概况与研究方法

2.1　试验区概况

库布齐沙漠位于内蒙古鄂尔多斯北部，黄河南岸，涉及鄂尔多斯市的杭锦旗、达拉特旗和准格尔旗，库布齐沙漠总面积 16 158km^2，流动沙地 940. 546km^2，半固定沙地 2401. 4km^2，固定沙地 432. 24km^2，库布齐沙漠呈狭长状，东西延伸，长约 360km，跨越了暖湿型的荒漠草原、干旱草原及半干旱草原三个亚带，是一条流动、半流动沙丘为主的裸露草原沙带，植被的演替受到阻碍，大部沙地无植被或有稀疏植被，仅在其周围固定沙地上植被发育较好。库布齐沙漠气候干旱，平均温度 5～7℃，≥10℃的年积温在 3000℃左右，年降水量由东向西减少 400～100mm，湿润度 0. 13～0. 30，土壤多为栗钙土，风沙土。

试验区位于内蒙古鄂尔多斯市准格尔旗十二连城乡，E111°05′36″～117°07′43″；N40°12′17″～40°13′22″。立地类型主要有流动沙地，固定、半固定沙地和丘间低地。土壤类型为沙壤土和风沙土，植物主要有沙蒿、沙鞭、草木栖状黄芪、1 年生沙米等。

该区属于中温带大陆性季风气候，年平均气温 6～7℃，≥10℃积温 3000～3200℃，年平均降水量 350～380mm，年蒸发量 2 093mm，年日照时数为 3 117h，最高气温 39. 1℃，最低气温-32. 8℃，无霜期 145d。

2.2　研究方法

2. 2. 1　气象数据及土壤水分的获得

利用美国 Campbell Scientific. Inc 生产的 CR10X 自动气象站自动记录试验区的大气温度、湿度、总辐射、光合有效辐射、CO_2浓度、风速、风向、40cm 深度土壤温度、土壤水分，CR10X 自动气象站每 1h 自动记录以上数据。

2.2.2 植物生长速率的测定

植物在单位时间内植株生长的高度称为生长速率。选定细枝岩黄芪、塔落岩黄芪、山竹岩黄芪1年龄、2年龄健康植株15株，每10d测定其生长高度。同时测定3种锦鸡儿属植物（柠条锦鸡儿、中间锦鸡儿、小叶锦鸡儿）的1年龄、2年龄植株生长速率，以确定2属植物之间生长速率的差异及同属植物之间生长速率的差异。

2.2.3 地上生物量测定

选取3种岩黄芪属植物的1年龄、2年龄、3年龄植物各15株，于每年9月底测定每株植物的株高、冠幅（最大冠幅与最小冠幅的均值）、茎直径、株鲜重、株干重、根长、根鲜重、根直径。同时测定3种锦鸡儿属植物，以进行对比研究。65℃烘干，测量其生物量干重。

2.2.4 地上生物量季节动态变化

选定3种岩黄芪属植物有代表性的2年龄、3年龄植株12株，在其生长季内5—9月，每月底测定其地上现存生物量鲜重、65℃烘干获干重，以生物量最高月为100%，同其他月逐一相比，以确定地上生物量年内季节动态变化。

2.2.5 生物量的分解的测定

对3种岩黄芪属植物2年龄、3年龄的植株从5—9月每月选取12株植株，将其分为叶、嫩茎（家畜可食部分和光合作用部分），木质化部分（主要用于薪材利用），以研究其生物量可食用部分与不可食用部分年际间和年内季节变化规律，确定其最适宜收获时间，65℃烘干获干重。

2.2.6 叶面积、叶形状要素和冠层数据的获取

用CT-202便携式叶面积仪在植物生长季节逐月测量50片成熟叶片的叶面积、叶长、叶宽、叶周长、长/宽、叶片形状要素；用CT-110植物冠层仪于6—9月测定岩黄芪属植物的冠层影像，计算其叶面积指数、平均叶倾角、散射光穿透系数。

2.2.7 地下生物量测定

选取3种岩黄芪属植物12株植株，1年龄在9月底主要测定其地上生物量鲜重，地下生物量鲜重、根长、根直径；2年龄、3年龄植株测定其地上生物量鲜

重，地下生物量鲜重、根直径、每 10cm 为一区间，测定每 10cm 根系的重量鲜重、直径、侧根数，以研究其根系分布规律。在 65℃ 的烘箱烘干获得根系的干鲜比。

2.2.8 平茬试验

选取 3 种岩黄芪试验地各 0.2hm^{2}样地于生长第 2 年秋季齐地面刈割，留茬高度 10cm，来年在植物生长季节选取 12 株平茬和未平茬植株测量其地上单株鲜重、产量、植株高度、茎直径、根直径、叶面积等要素，同时测量 50 株平茬和未平茬植株新生枝条长度、基部直径，用 CI-202 便携式叶面积仪测量叶长、叶宽、叶长宽比等因素，用 CT-110 植物冠层仪于 6—9 月测定平茬与未平茬岩黄芪属植物的冠层影像，计算其叶面积指数、平均叶倾角、散射光穿透系数。在 65℃ 的烘箱烘干获得植物的干鲜比。

2.2.9 3 种岩黄芪属植物营养价值的测定

选取 2 年龄的岩黄芪属植物和锦鸡儿属植物，每种植物选取 3 株，自然风干，粉碎；选取 2 年龄的植株各 3 株，将其分解为嫩茎、叶、老茎，自然风干，粉碎；粉碎样品过 1mm 筛。分析样品由内蒙古农业大学内蒙古农牧渔业生物实验研究中心采用《饲料化学成分分析手册》中方法分析测试，主要测试粗蛋白质（GB/T 6437—1994）、粗脂肪（GB/T 6433—1994）、钙（GB/T 13885—2003）、磷（GB/T 6432—2002）、中性洗涤纤维、酸性洗涤纤维、木质素，氨基酸含量用 HITACHI 835—50 氨基酸仪测定。

2.2.10 叶水分生理测定

从 5—9 月每月的 28—30 日 8：00—19：00 每隔 3h 取 20 株植株的成熟叶片，装入塑料袋带回实验室，立即用电子天平（Sartorius 精确度为 0.0001g）称取每一份样品的鲜重，一部分放置于阴凉干燥处 24h，称取其重量，80℃ 烘干恒重并称重，计算其含水量和失水率，每一种植物重复 3 次；利用阿贝折射仪法测定叶片的束缚水含量，并计算自由水含量；用美国产 WP4 水势仪测定植物水势，每一种植物重复 3 次。

2.2.11 渗透调节物质的测定

于植物生长季节每月定期采取新鲜植物叶片，分种混合，一部分液氮固定，带回实验室内转入-80℃ 冰箱，用于测试叶绿素；一部分样品 105℃ 杀青 1h，然后 65℃ 烘干 24h，用于测试脯氨酸、丙二醛、可溶性糖。叶绿素测定采用混合液

［V（丙酮）：（无水乙醇）=8：2］法。脯氨酸含量测定，采用磺基水杨酸提取，酸性茚三酮显色法，单位为μg/g·DW。丙二醛含量测定采用硫代巴比妥酸（TBA）显色法，单位μmol/g·DW。可溶性糖测定采用蒽酮法，单位mg/g·DW。以上指标均重复测定3次。数据处理应用DPS3.10统计软件进行分析处理处理。

2.2.12 光合速率和蒸腾速率的测定

于植物生长季节每月定时测定，测定选择在晴天无风日进行，测定枝条选择在树冠中部向阳方向，每种植物选3株长势良好的作为测定株，每次测定3个重复。净光合速率、蒸腾速率日进程测定用美国产CI－310光合测定系统，从7：00—19：00每隔2h测定1次，取平均值，在测定上述指标的同时，自动记录光合有效辐射（PAR）、空气温度、空气湿度、叶片温度、空气CO_2浓度的变化。水分利用效率用公式“水分利用效率=日净同化积累值/日蒸腾积累值”计算，光能利用率用公式“光能利用率=净光合速率/光合有效辐射”计算。用DPS3.10统计软件进行分析统计。

2.2.13 营养器官解剖比较

选取发育良好有代表性的植株，采集其根、茎、叶等营养器，经FAA固定，采用石蜡切片法制成永久制片。将材料从固定液中取出后，经各级浓度酒精脱水，二甲苯透明，石蜡包埋，用旋转式切片机切成10~12μm的薄片，再经脱蜡，番红-固绿双重染色，中性树胶封片，制成永久制片。叶表皮制片用次氯酸钠离析法。方法是用50%次氯酸钠离析1~2h，然后用番红染色，酒精脱水，中性树胶封片，制成永久制片，将制片置于OLYMPUS显微镜下观察，测量，并进行显微照相，测量值为5个数值的平均值。

2.2.14 土壤养分和物理性状测定

对栽种植物前的土壤以20cm×20cm，分10cm、30cm、50cm分层取样，测定土壤营养成分；栽种植物3年后以20cm×20cm，分10cm、30cm、50cm分层取土样，测定其营养成分，主要测定土壤有机质，全N，全P，全K，速效N，速效P，速效K，表层土壤pH，测定重复3次，取其平均值，数据由内蒙古农业大学内蒙古农牧渔业生物实验研究中心分析测试。

用中国农业大学生产的ISCⅡ智能化土壤水分快速测试仪在植物生长的第2年对人工栽培群落、天然油蒿群落及裸沙地6cm、10cm、15cm、20cm土壤含水量每隔10d测量1次；用CR10X人工自动气象站测定40cm土壤含水量。

用曲管地温计在 8：00、12：00、18：00 测定 5cm、10cm、15cm、20cm 土壤温度变化，每隔 10d 测量 1 次；用 CR10X 人工自动气象站测定 40cm 土壤温度。

用美国 Spectrum Technologies. Inc 生产的 AIELDSCOUT SC900 Soil Compaction Meter 土壤紧实度仪测定流动沙丘、半固定沙丘和人工栽培区不同深度的土壤紧实度。

3 试验区气象因子及土壤水分变化的研究

生态环境是由许多生态因子组合起来的综合体，对植物起着综合的生态作用。各个单因子之间不是孤立的，而是互相联系、互相制约的，环境中任何一个因子的变化，必将引起其他因子不同程度的变化。气象因子是决定牧草种类、结构、形态特征和经济性状的重要因子[91]。

3.1 气象因子的月变化

气象因子（空气温度、空气湿度、总辐射、有效辐射、CO_2浓度、土壤温度、土壤湿度、风速等）对植物的合理栽培、间作套种、引种驯化以及造林营林等方面都是非常重要的因素。利用 CR10X 人工自动气象台站对试验区的气象因子做了详细的记录和分析，初步掌握了该地区气象因子的月动态变化规律，观测结果见表 3-1。表 3-1 表明空气月平均温度在植物生长季节明显高于其他季节，平均温度 20.62℃，7 月温度最高达 24.19℃ ，最低温度 1 月达-14.17℃；光合有效辐射在 4—9 月比较高，均在 900μmol/m^2 · s，6 月达到最大值月平均 1 123.10μmol/m^2 · s ，12 月为最低值月平均 465.37μmol/m^2 · s；土壤温度（40cm）及土壤湿度（40cm）变化一致，在 6 月达到月平均最大值 25.85℃、10.73%；CO_2浓度则是在 4 月达到月平均最大值达 420.05mg/dm^3，5—9 月的生长季相比较低，月平均在 300mg/dm^3 左右，7 月到达月平均最低值 293.08mg/dm^3；风速则是 10—12 月、3—5 月偏大，月平均 2m/s 以上，风最强烈的季节为 3—5 月，4 月风速达最大值 3.53m/s，风速较小的季节在 7—9 月，最低风速 8 月为 1.18m/s；降水多集中在 5—9 月，植物生长季节 5—9 月的降水量为 162.30mm，占全年降水量的 82%（观测之年为旱年，全年降水量 198.75mm）。综合以上气象因子月平均变化情况可以得到适合于植物生长的最佳时间是 7—8 月。

3.2 生长季节气象因子日变化

植物的各种生理生化反应不仅随着生长季节发生变化，而且在生长季节内每天随着气象因子的变化而发生变化，掌握植物不同生长季节气象因子的日变化规律，可以使我们更深入地了解植物的生理生化反应过程和规律。由图 3-1 所示的结果可知，沙漠地区的光照条件较为强烈，影响植物光合作用的光合有效辐射强度 6—7 月在 13：00 左右达到最大值，均在 2000μmol/m² · s，5 月和 8 月光合有效辐射在 11：00 左右达到最大值 1000μmol/m² · s；由于是在晴天条件下观测，光照强度的日变化呈现出典型的钟罩形。在强烈的光照条件影响下，地表空气的温度变化也很大，其中上午和下午空气温度的生高和降低均比较快，在14：00—17：00 之间维持较高的温度，7 月最高空气温度达 35℃。空气湿度反映空气中水汽状况，也在一定程度上反映影响植物蒸腾作用，在实际观测中，随着空气温度的升高，空气湿度下降，空气湿度与空气温度相反，在 17：00 左右达到最小值，均在 40%以下，8 月维持较高的空气湿度是由于该月降水量偏多。

表 3-1　气象因子年变化规律

月份	空气温度（℃）	空气湿度（%）	光合有效辐射（μmol/m² · s）	总辐射（S/m²）	土壤温度（℃）	CO_2浓度（mg/dm³）	土壤水分（%）	降水量（mm）	风速（m · s）
1 月	−14.17	74.74	525.88	220.34	−5.3	420.05	8.64	0.40	1.39
2 月	−10.85	67.14	686.21	269.89	−5.82	403.07	8.45	3.40	1.94
3 月	1.00	36.68	899.47	327.46	−0.32	377.58	8.33	0.10	2.86
4 月	11.18	28.68	904.98	331.16	9.64	348.14	10.09	8.00	3.53
5 月	17.11	38.11	1048.86	360.22	17.94	325.00	10.63	32.10	2.95
6 月	23.42	38.85	1123.01	364.10	25.08	300.58	10.73	35.30	1.90
7 月	24.19	53.39	994.47	310.67	25.85	293.08	8.50	42.70	1.76
8 月	21.66	66.72	901.22	301.94	24.53	301.61	7.22	52.20	1.18
9 月	16.74	62.37	799.36	284.15	20.94	309.75	6.80	44.10	1.33
10 月	8.05	53.19	723.28	263.41	13.09	383.80	10.84	8.80	1.95
11 月	−0.99	56.19	608.86	250.36	4.43	374.18	9.96	6.40	2.11
12 月	−6.54	62.81	465.37	192.75	−0.59	393.70	8.63	6.30	2.16

3.3　土壤水分时空格局及其动态变化规律

干旱、半干旱地区的沙地是一种地表裸露疏松的生态系统，植被覆盖度低，风沙活动强烈，降雨稀少，蒸发强烈[92]，环境总处于水分亏缺状态，因此，水分是该地区决定生态系统结构与功能的关键因子[93]。土壤水分状况对土壤物理性状和植被生长状况有重要影响，对植物的生存生长具有重要意义[94]。

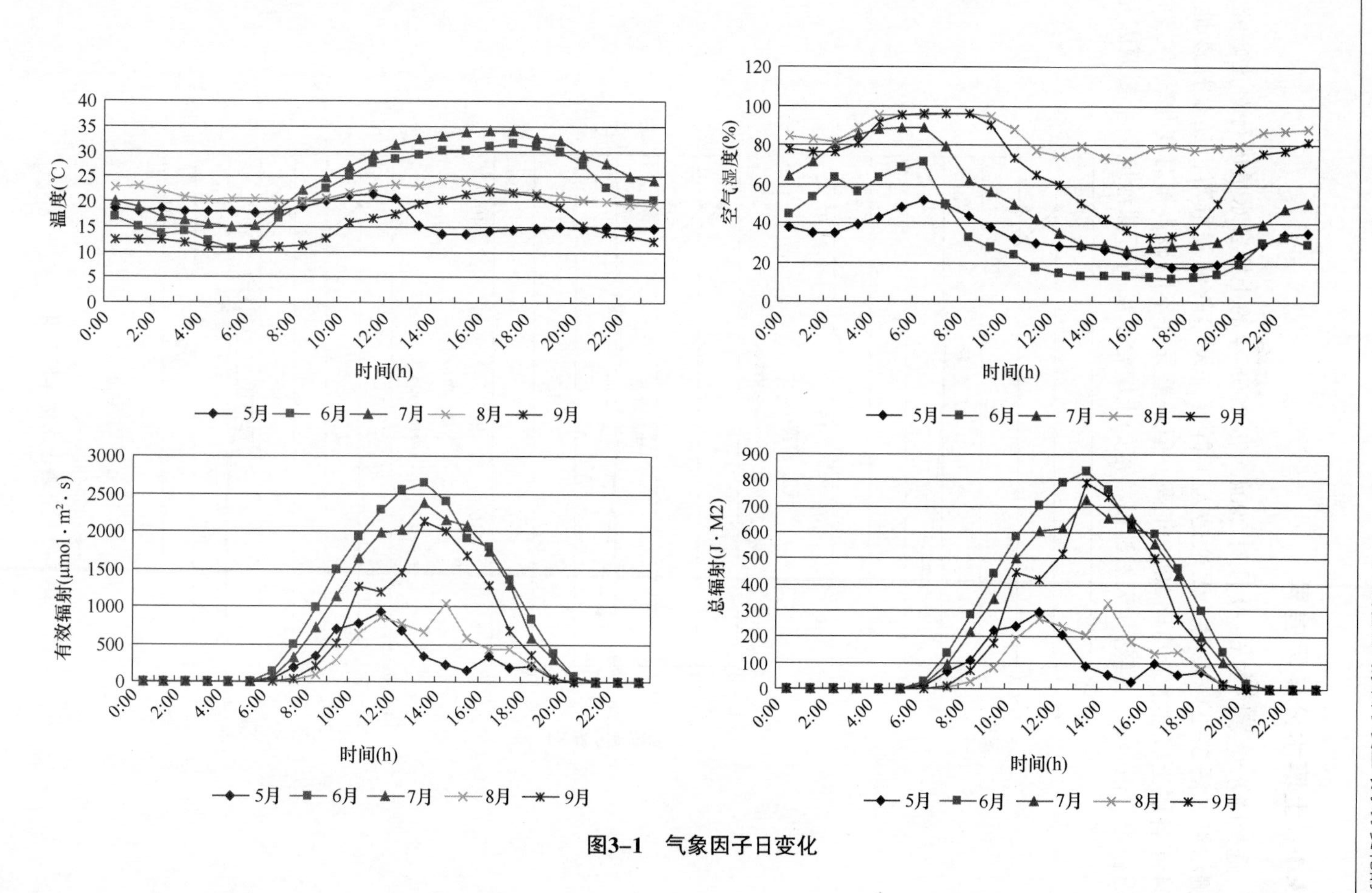
温度(℃)
时间(h)
5月 6月 7月 8月 9月
空气湿度(%)
时间(h)
5月 6月 7月 8月 9月
有效辐射(μmol·m²·s)
时间(h)
5月 6月 7月 8月 9月
总辐射(J·M2)
时间(h)
5月 6月 7月 8月 9月

图3-1 气象因子日变化

3.3.1 土壤水分年际差异

选择降水量集中的6—9月对2004年、2005年的土壤含水量进行对比研究。观测结果（图3-2）表明，无论是人工群落，天然的油蒿群落，还是裸沙地，2004年各层土壤含水量均比2005年高，但是差异并不明显，相对变化较小，平缓而稳定。但是人工群落和天然油蒿群落的土壤含水量高于裸沙地，主要原因是

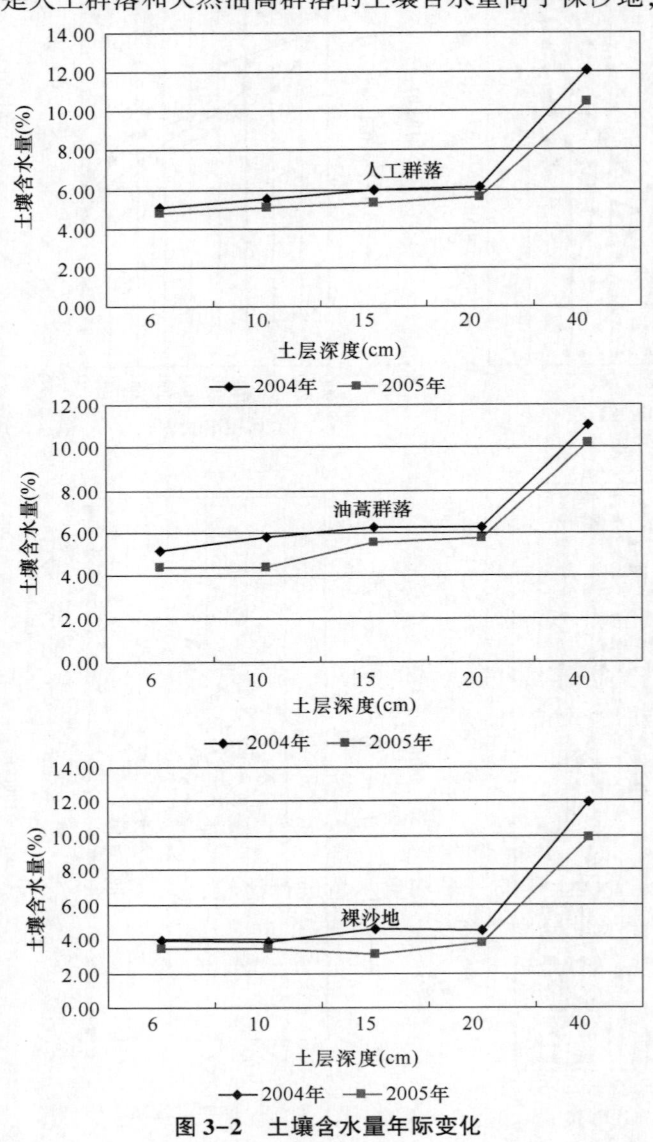

图3-2 土壤含水量年际变化

前两者有植被覆盖，土壤水分变化受气象等外界因素影响小，而裸沙地则受降水、蒸发等因素影响明显，土壤水分变化较大。从自动气象台站监测资料来看，2005年降水量相对较低，气候干旱，这也是造成土壤水分年际间差异的原因之一。但总体来讲，沙化地区土壤含水量年际差异不大，而且随土层深度的增加，年际变化趋势也比较相似。

3.3.2　土壤水分季节动态变化

在土地沙漠化地区，一方面，沙漠水分向下湿润深度一般较浅，通常在降雨以后土壤表层立即开始蒸发，湿润层的水分由于蒸发而向下再分配逐渐减少[95]；因为研究地区年降水量偏少，加之蒸发强烈、风沙大，所以降水对该地区深层土壤水分影响微弱。另一方面，沙地表面除了有一层1cm左右的结皮外，还有一定厚度的干沙层，有效阻碍深层水分的散失。乌兰布和沙漠沙丘干沙层一般厚度变化为0~20cm[96]。为此，我们对6~20cm土层土壤含水量进行了观测、记录和分析。分别将植物生长季节5—9月各个样地（裸沙地、人工群落、天然油蒿群落）不同样点不同深度的土壤含水量进行平均，得到3个样地不同月的平均含水量（图3-3）；再分别将3个样地5—9月不同样点同一深度的土壤含水量进行平均，得到各样地不同深度的平均含水量（图3-4）。

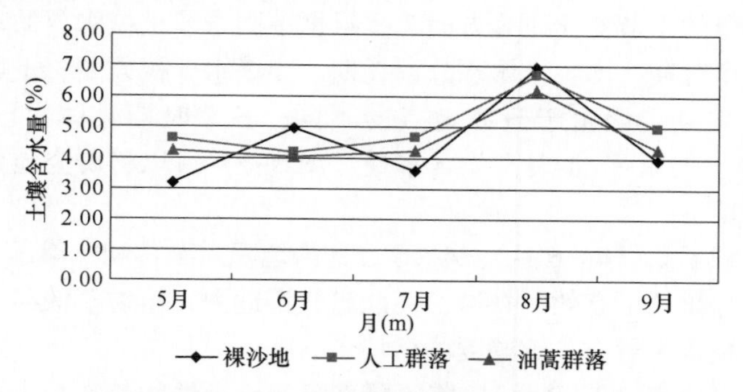

图3-3　各样地不同月群落土壤平均含水量

对0~20cm土层土壤的月平均含水量进行比较，人工群落、天然油蒿群落和裸沙地的平均含水量分别为5.23%、4.79%、4.29%，差别较小，由图3-3可知，3个样地的土壤含水量最高值均出现在8月，3个样地的平均值为7.22%；最低值出现在5月，3个样地的平均值为4.01%，最高值与最低值相差3.21%。

对0~40cm土层土壤深度平均含水量进行比较，可以看出，随着土层深度的增加，土壤含水量也在增加，3个样地不同深度的土壤平均含水量6cm为4.70%、10cm为5.05%、15cm为5.7%、20cm为6.00%、40cm为12.50%。3

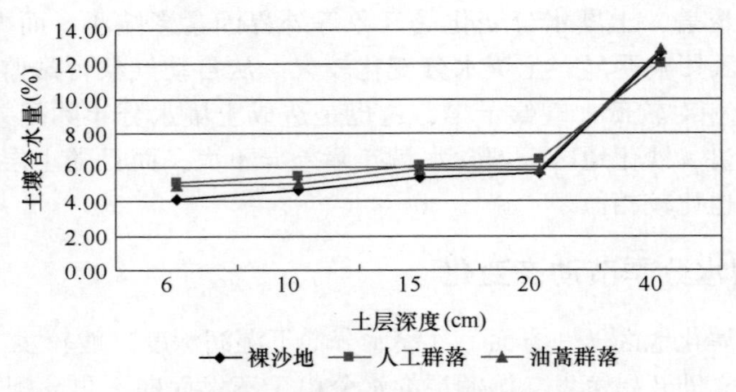

图 3-4　各样地不同深度的平均含水量

个样地土壤深度平均含水量的排序是人工群落>天然油蒿群落>裸沙地；这主要是由于人工群落植被盖度高于油蒿群落，油蒿群落植被盖度又高于裸沙地，植被的盖度有效地减少了由于气温和风所带来的土壤水分的散失。40cm 深度土层的平均含水量，3 个样地几乎无差异，说明研究地区正常年份土壤含水量变化主要集中为 0~20cm。因此，本区引种栽培的植物在无保护和灌溉的条件下，应引种和栽培直根系的植物，须根系植物由于土壤表层含水量低且变化强烈而难于生存和正常生长。

在土壤水分的季节变化研究方面，多根据不同季节土壤水分的动态特点，而将其划分为 4 个时期，即：土壤水分消耗期、土壤水分积累期、土壤水分消退期和土壤水分稳定期，但由于研究地点的不同，各个时期具体时段划分略有不同[97-99]。根据土层 40cm 的月平均含水量（图 3-5）可以将研究地区土壤含水量划分为 3 个时期。

土壤水分积累期（4—6 月）：4—6 月是当地积雪融化和土壤温度回升期，这个时期土壤水分得到了有效的补给，而此时气温适中，植物蒸散与土壤蒸发需水量少，所以土壤含水量有一定幅度的增加。

土壤水分消耗期（7—9 月）：除了降水量与土壤性状是影响土壤水分的重要因素外，另外影响土壤水分的还有植物的吸收、蒸散量与气温等因素。7—9 月，气温升高，植物进入生长盛期，蒸散量大，虽然有一定量的降雨，但由于植物冠层截留与地表结皮的阻碍，沙漠水分向下湿润的深度一般较浅，通常在降雨以后土壤表层立即开始蒸发，因此，土壤含水量出现一个大幅度下降。

土壤水分稳定期（10 月至翌年 3 月）气温降低，植物生长缓慢，逐渐进入休眠期，蒸发蒸散小，土壤水分比较稳定。

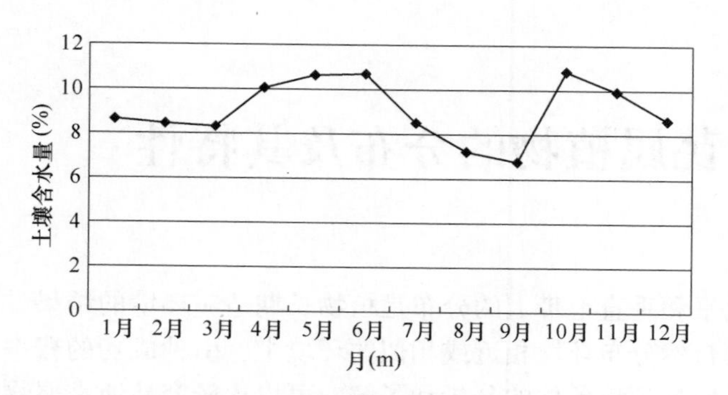

图 3-5　40cm 土壤水分年变化

3.4　小　结

① 研究地区气候干旱、风沙大，一年四季有风，最高风速出现在 3—5 月；昼夜温差大，温度变化强烈；总辐射、光合有效辐射在植物生长季节较高，有利于植物的光合，但过高的有效辐射对植物的光合作用起到抑制作用；雨热同季，有利于植物的生长和农牧业生产；40cm 土层土壤含水量及土壤温度变化比较平缓。

② 人工群落、天然油蒿群落和裸沙地各层土壤平均含水量年际间差异不明显，相对变化较小，平缓而稳定；但人工群落和油蒿群落由于植被覆盖，各层土壤平均含水量均高于裸沙地，裸沙地则受降水、蒸发等因子影响明显，土壤水分变化较大。土壤含水量随着土层深度的深入而增加，各样地含水量年内变化趋势也比较相似。

③ 正常降水年份，土壤含水量在 20cm 变化剧烈，40cm 变化较小，月平均含水量最高值出现在 8 月，最低值出现在 5 月。根据 40cm 不同季节土壤平均水分的动态特点，将其划分为 3 个时期：土壤水分积累期（4—6 月）、土壤水分消耗期（7—9 月）、土壤水分稳定期（10 月至翌年 3 月）。

4 岩黄芪属植物的分布及其特性

物种在水平和垂直地带上的分布是植物长期适应环境的结果，一般说来，物种引种到与其自然分布环境相近或相似的环境中，引种成功的概率更大。通过对物种自然分布所处环境条件的分析和了解，可以比较容易地掌握物种适宜的生态条件和幅度。地理分布规律的分析是初步了解物种环境适应性的最快捷和最容易的方法[87]。

4.1 岩黄芪属植物的特性、自然分布及环境条件

全世界岩黄芪属植物有 140 多种，分布于北半球温带[73]，分布于蒙古高原的岩黄芪植物有 19 个种、3 个变种[78]。绝大部分仍处在自生自灭的野生状态，到目前为止，进行栽培利用的主要有山竹岩黄芪、塔落岩黄芪和细枝岩黄芪。

山竹岩黄芪 *Hedysarum fruticosum* Pall，又名山竹子。中旱生植物，分布于中国东北地区，内蒙古东部的呼伦贝尔草原区的海拉尔河流域的沙地、西辽河流域的科尔沁沙地、锡林郭勒草原区的浑善达克沙地等，东西伯利亚、蒙古也有，生长于森林草原、典型草原带的固定沙丘、半固定沙丘及沙地上，分布区的年均温 4~6℃，≥10℃的有效积温 2400℃左右，年降水量 300~450mm，湿润度 0.4~0.6。地貌为固定、半固定沙地，植被为山竹岩黄芪与差不嘎蒿（*Artemisia halodendron*）、乌丹蒿（*Artemisia wudanica*）、东北木蓼（*Atraphaxis manshurica*）、叉分蓼（*Polygonum divarcatum*）、黄柳（*Salis flavida*）、虫实（*Corispermum sp.*）、沙米（*Agriophyllum arenarium*）等组成的沙地草原群落。

半灌木，高 110~150cm，根粗壮，红褐色。茎直立，多分枝。树皮灰黄色或灰褐色，常呈纤维状剥落，小枝黄绿色，稍带紫褐色，嫩枝灰绿色，被短柔毛，具纵沟棱，单数羽状复叶，具小叶 9~21；托叶卵形；小叶长卵形或卵状矩圆形，基部圆形或近楔形，全缘，上面密布红褐色腺点并疏被短柔毛，下面密被短伏毛，总状花序腋生，与叶近等长，具 4~10 朵小花，疏散；花枝短；苞片小；花紫红色，长 15~20mm，花萼钟形；花冠蝶形；旗瓣到卵形，龙骨瓣稍短于旗瓣；子房条形，密被短柔毛，中部具疣状突起或无。

山竹岩黄芪最显著特点是具强壮根茎，通过根茎进行无性繁殖，此对该种植

物的繁殖、群丛的稳定、植被的更新及产草量的高低具有重要作用。山竹岩黄芪根茎上的不定芽，一部分直接伸出地面发育成地上实生株丛；另一部分则变为棕褐色、形成沙层中水平延伸的根茎，由根茎部向四周呈放射状扩展延伸，每个根茎都可产生自己的分枝，从而形成根茎层，集中分布在5~20cm沙层内，从每个根茎的节上再萌蘖出许多新的根系、根茎和地上株丛，如此逐级产生出无性繁殖的强大网络系统。在自然状态下，有90%以上的株丛发生于根茎上，而实生株丛在其群落中不足10%，有时甚至找不到。山竹岩黄芪的茎随着株龄的增长，木质化程度增加，越冬能力和分枝能力也显著提高，成年植株在一个生长季中可产生5级分枝，不仅增加产量，而且固沙防风效应也大有增强。山竹岩黄芪3~4年开始结实，5~10年结实高峰，10年后结实逐年衰减；其花序多着生于2~3级分枝上，总体结实率低，一般每公顷产种子约5kg。

塔落岩黄芪（*Hedysarum leave* Maxim），又名羊柴。分布于中国内蒙古西部的暖温型干草原黄土丘陵浅覆沙草场、暖温型干草原及荒漠草原沙地草场的库布齐、毛乌素沙漠，宁夏东部和陕西北部的沙地上，分布区≥10℃年积温2700~2900℃，年降水量200~400mm。

多年生落叶半灌木，株高100~150cm，奇数羽状复叶，小叶9~17片，条形或条状长圆形，总状花序腋生，具4~10朵花；花紫红色；花萼钟形，萼齿长短不一；花冠蝶形，旗瓣到卵形，先端微凹，翼瓣小，龙骨瓣长于翼瓣，短于旗瓣；子房无毛。荚果通常具2~3荚节，有时仅1节发育，无毛具喙。种子圆形，荚褐色。

主根圆锥形，根入土深达2m。茎直立，当年枝条绿色，老龄后呈灰褐色。侧根多在15~70cm土层中；根颈粗大，可长出2~33个分枝；具地下横走茎，距土表20~40cm土层内生长，延伸面积达48m^2，总长度达100m以上，其节处可产生不定根和不定芽，因而可形成许多子植株。长寿命沙生植物，性喜沙质土壤，耐旱，耐寒、耐热、耐瘠薄和抗风沙能力极强，在年降水量250~350cm、干旱、风大、沙多的严酷条件下仍能正常生长，冬季可忍受-35℃以下的严寒，夏季能耐45℃以上的沙地高温，在瘠薄的沙质土壤上仍能获得较高产量，成年植株不怕风蚀沙埋，但幼苗不耐风蚀沙埋，耐旱性也弱，耐盐性更差，在土壤含盐量0.3%~0.5%时难于出苗。

细枝岩黄芪（*Hedysarum scoparium* Fisch. et. Mey），又名花棒。分布于中国内蒙古、宁夏、甘肃，新疆等地；中亚和蒙古也有分布。在内蒙古分布于暖温带荒漠、腾格里沙漠及巴丹吉林沙漠的流动或半固定沙丘底部。≥10℃年积温3400~3700℃，年降水量40~150mm。

多年生半灌木，株高90~300cm，最高可达5m。树皮深黄色或淡黄色，常呈纤维状剥落，枝灰黄色或灰绿色。单数羽状复叶，植株下部有小叶 7~11 枚，上部具少数小叶，最上部的叶轴常无小叶，小叶披针形、条状披针形、稀条状长圆形，长 15~43mm，宽 1~3mm，全缘，灰绿色，叶轴有毛。花序总状。总花梗比叶长，花梗长 2~3mm；花紫红色，长 13~20mm，旗瓣宽到卵形，顶端微凹。无爪，翼瓣长圆形，龙骨瓣与旗瓣等长或稍短；子房有毛。荚果有 2~4 个荚节，宽卵圆形或近宽卵形，膨胀，具明显网纹，密生白色柔毛。主根不长，侧根发达，多分布在 20~80cm 沙层内，成年植株根幅宽达 10m 多，根颈粗壮。茎直立，分枝多达 70~80 个，幼嫩时呈绿色或黄绿色，老熟时呈黄色，老死树皮常呈条片状剥落。具有旱生植物的特性，上部枝条的小叶退化或脱落，代替以绿色叶轴进行光合作用，耐旱、耐寒、耐热，夏季地面温度达 69℃ 时仍未能灼烧致死，冬季-36℃ 严寒下也没有冻死。抗沙埋能力极强，当根部被风吹外露 0.5m 时仍能生存[88-89]。

4.2 岩黄芪属植物的栽培技术

岩黄芪属植物种均为喜沙植物，故可根据其种的特性选择沙区的固定、半固定沙地、覆沙地及沙地排水良好的地块种植。

4.2.1 直播

可采取穴播、点播、撒播或飞播，穴播株行距（0.5~1.0）m×（1.5~2）m，每穴播种 4~8 粒种子；条播行距 1.5~2m，播量 15~22.5kg/hm^2；撒播、飞播 10~20kg/hm^2，播深 2~3cm。

雨季播种，我国西部沙区春季多风，气候干燥，土壤墒情差，故应根据各地区的降水特点在雨季播种。

岩黄芪属“种子”均为其荚果的荚节，即包被果皮的种子，其果皮与种子不易剥离，因而不易吸水，延长出苗期，故播种时应对种子进行处理，以利提高出苗率，可采用脱去荚皮、擦破荚皮、用水浸泡式催芽处理等。

4.2.2 植苗

育苗地要选择排水良好的沙土或沙壤土，做畦条播，行距 30~35cm，播量 105~120kg/hm^2，播期以 5 月初至 6 月中旬为宜。

移栽一般以 1~2 年的苗为宜，挖苗时应深挖，根长不得短于 25~30cm，以防伤害根系。春季移栽应在土壤解冻后春季雨前进行。秋季移栽应在苗木落叶后进行，一般株行距（0.5~1）m ×（2~3）m。

4.2.3 分株或压条

岩黄芪属植物具有地下根状茎，可产生不定根形成新株，故可于春秋两季挖取其地下根状茎，将其切成具3~4个节的小段水平埋于土中，埋深5~10cm，经20~30d即可长出幼株。其枝条被沙埋后可产生不定根，并能形成新株，故可采用压条的方法进行无性繁殖，在雨季前可将枝条埋入土中5~10cm，使枝条稍露出地面，即可长成新株。

4.2.4 扦插

采集1~2年生的萌发枝条，选用0.7~1.0cm粗的枝段，裁成50~60cm的插穗，清水中浸泡24h，取出栽植，插条应露出地面1~2cm，在土壤水分条件较好的地块上，雨量多的年份土壤墒情好可选用此法繁殖。

4.3 岩黄芪属植物病虫鼠害的防治

岩黄芪属植物的病、虫、鼠害基本相同。常见的地上害虫有蚜虫、金龟子、豆蛾虫、象鼻虫、豆芫菁、古毒蛾，地下害虫有地老虎、蛴螬、线虫。病害有白粉病。寄生植物有菟丝子。鼠害有跳鼠、米仓鼠。为避免病虫鼠类对这些种的危害，应根据不同的病、虫、鼠类选择化学药物杀灭[90]。

4.4 小 结

① 岩黄芪属植物140多种，分布于北半球温带地区。我国有25种，分布于蒙古高原的有19种、3变种。许多种具有防风固沙和良好的饲用价值，目前常用的有细枝岩黄芪、塔落岩黄芪、山竹岩黄芪。

② 主根发达，深入地下，侧根粗壮与地面平行延伸，可向上发育为新的植株。抗沙埋、耐高温、耐干旱、耐贫瘠、枝叶繁茂、萌蘖力强，寿命长，产草量高而稳定。

③ 岩黄芪属植物可进行有性繁殖及无性繁殖，故可根据种的特性及各地的具体条件选择适宜的方法进行种植。这些种均为喜沙植物，应选择沙区的固定、半固定沙地、覆沙地及沙质地排水良好的地块种植。

5　3种岩黄芪和3种锦鸡儿属植物的养分含量及动态研究

岩黄芪属和锦鸡儿属植物是我国西北沙区优良的固沙和饲用灌木，研究这些灌木的营养成分，对评价其饲用价值与合理开发利用沙区植物资源，建立高产优质的人工饲料基地有着重要的意义。

营养成分是评价饲用植物价值的主要依据，分析其动态不同放牧时期可食用部分的化学成分，揭示其营养规律，为沙区选择优良灌木种，合理开发利用木本饲料资源提供科学依据。

5.1　6种固沙植物营养成分分析

6种固沙植物营养成分测试分析结果见表5-1。粗蛋白质含量的高低是反映饲草料营养价值的重要指标之一，6种固沙植物均具有较高的蛋白质含量，岩黄芪属植物平均叶蛋白质含量15.26%、茎11.28%、全株9.73%；锦鸡儿属植物平均叶蛋白质含量19.73%、茎16.68%、全株18.30%，锦鸡儿属植物平均叶、茎、全株蛋白质含量均高于岩黄芪属植物，且差异显著。岩黄芪属植物平均灰分叶3.69%、茎5.07%、全株4.45%；锦鸡儿属植物平均灰分叶6.10%、茎10.36%、全株8.66%；锦鸡儿属植物平均叶、茎、全株的灰分含量均高于岩黄芪属植物，且差异显著。岩黄芪属植物平均酸性洗涤纤维叶26.66%、茎50.54%、全株54.95%；锦鸡儿属植物平均酸性洗涤纤维叶27.97%、茎56.95%、全株50.29%；岩黄芪属植物叶酸性洗涤纤维含量低于锦鸡儿属植物，但两属植物差异不显著；茎酸性洗涤纤维含量低于锦鸡儿属植物，且差异显著；说明岩黄芪属植物茎较锦鸡儿属植物具较高的消化率，有较高的饲用价值，全株酸性洗涤纤维高于锦鸡儿属植物，而且差异显著，其原因是由于岩黄芪属植物的全株含有老茎，提高了其酸性洗涤纤维的含量；岩黄芪属植物平均中性洗涤纤维叶35.38%、茎58.26%、全株61.28%；锦鸡儿属植物平均中性洗涤纤维叶37.33%、茎64.77%、全株53.26%；岩黄芪属植物平均中性洗涤纤维叶、茎低于锦鸡儿属植物，但两属植物之间差异不显著，全株中性洗涤纤维高于锦鸡儿属植物，但差异

表5-1　6种固沙植物营养成分（%）

植　物	粗蛋白			灰　分			酸性洗涤纤维			钙			磷					
	叶	茎	株	叶	茎	株	叶	茎	株	叶	茎	株	叶	茎	株	叶	茎	株
细枝岩黄芪	13.41	10.11	9.57	4.08	4.41	5.48	21.27	52.57	56.56	38.41	52.28	62.89	0.95	0.99	1.52	0.14	0.16	0.11
塔落岩黄芪	17.37	10.60	9.95	3.88	5.91	4.00	29.50	47.83	52.52	37.49	57.00	58.37	1.12	0.99	0.73	0.21	0.20	0.07
山竹岩黄芪	15.01	13.15	9.66	3.12	3.88	3.68	29.20	51.22	55.78	30.24	65.49	62.57	1.28	1.07	1.38	0.13	0.19	0.11
平均值	15.26^{b}	11.28^{b}	9.73^{b}	3.69^{b}	4.73^{b}	4.39^{b}	26.66^{a}	50.54^{b}	54.95^{a}	35.38^{a}	58.26^{a}	61.28^{a}	1.12^{a}	1.02^{a}	1.21^{a}	0.16^{a}	0.18^{a}	0.10^{a}
柠条锦鸡儿	20.23	17.32	18.02	4.62	7.14	7.90	36.32	59.78	51.49	46.62	70.27	53.68	2.57	2.32	2.44	0.20	0.20	0.22
中间锦鸡儿	20.12	16.15	19.76	6.43	10.1	8.22	24.58	54.52	48.08	29.40	60.70	48.63	2.94	1.94	2.62	0.23	0.18	0.24
小叶锦鸡儿	18.83	16.67	17.32	7.25	13.9	9.86	23.02	56.55	51.31	35.96	63.35	57.48	0.69	0.84	0.63	0.13	0.14	0.14
平均值	19.73^{a}	16.68^{a}	18.4^{a}	6.10^{a}	10.4^{a}	8.66^{a}	27.97^{a}	56.95^{a}	50.29^{b}	37.33^{a}	64.77^{a}	53.26^{a}	2.07^{a}	1.70^{a}	1.90^{a}	0.19^{a}	0.17^{a}	0.20^{a}

※右上角有相同字母表示不同种植物平均值之间差异不显著，字母不同表示差异显著（$P<0.05$）

也不显著。岩黄芪属植物平均钙、磷含量叶 1.12%、0.16%，茎 1.02%、0.18%，全株 1.21%、0.10%；锦鸡儿属植物平均钙、磷含量叶 2.07%、0.19%，茎 1.70%、0.16%，全株 1.90%、0.20%；岩黄芪属植物平均钙含量叶、茎、全株均低于锦鸡儿属植物，平均磷含量叶、全株低于锦鸡儿属植物，茎的磷含量高于锦鸡儿属植物，但两属植物之间差异不显著。

钙和磷是家畜矿物营养中密切相关的两个元素，在家畜的骨骼发育和维护方面有着特别的作用。日粮中缺少钙、磷及钙磷比例失调都会使家畜不正常的发育。家畜日粮中钙磷的正常比例为 2：1，反刍家畜可通过腮腺和唾液分泌再循环重复利用大量的磷，所以反刍家畜可耐受钙/磷为 7：1[109]。测试的 6 种固沙植物中，细枝岩黄芪钙/磷：叶 6.79：1、茎 6.19：1、全株 13.8：1；塔落岩黄芪钙/磷：叶 5.33：1、茎 4.95：1、全株 10.80：1；山竹岩黄芪钙/磷：叶 9.85：1、茎 5.63：1、全株 15.33：1，岩黄芪属植物平均钙/磷：叶 7.00：1、茎 5.67：1、全株 12.10：1；柠条锦鸡儿钙/磷：叶 12.85：1、茎 11.60：1、全株 11.09：1，中间锦鸡儿钙/磷：叶 12.78：1、茎 10.78：1、全株 10.92：1，小叶锦鸡儿钙/磷：叶 5.31：1、茎 5.25：1、全株 4.50：1，锦鸡儿属植物平均钙/磷：叶 10.89：1、茎 10.00：1、全株 9.50：1。由以上数据分析可知，岩黄芪属植物平均钙/磷：叶、茎未超过反刍家畜耐受极限，但全株超过反刍家畜耐受极限，锦鸡儿属植物平均钙/磷：叶、茎、全株均超过反刍家畜耐受极限。岩黄芪属植物中细枝岩黄芪、塔落岩黄芪叶、茎钙/磷未超过反刍家畜耐受极限，全株超过反刍家畜耐受极限；山竹岩黄芪叶、全株钙/磷均超过反刍家畜耐受极限，但茎钙/磷未超过耐受极限。锦鸡儿属植物中柠条锦鸡儿、中间锦鸡儿叶、茎、全株钙/磷均超过反刍家畜耐受极限，小叶锦鸡儿叶、茎、全株钙/磷均未超过反刍家畜耐受极限。

很多草业科学工作者对锦鸡儿属植物的营养成分进行过细致的研究，但对岩黄芪属植物在库布齐沙地的营养成分分析尚无人进行过系统、细致的研究和分析。表 5-2 数据阐述了 3 种岩黄芪属植物可食部分（叶、嫩枝条）的营养成分。有机物质含量叶 71.168%~81.381%、茎 90.328%~96.578%；粗蛋白质含量叶 15.00%~16.78%、茎 10.24%~10.85%，粗脂肪含量叶 4.24%~6.56%、茎 2.87%~3.47%；酸性洗涤纤维叶 19.335%~19.652%、茎 41.230%~44.722%；中性洗涤纤维叶 20.150%~23.421%、茎 50.409%~59.902%；木质素含量叶 38.695%~43.505%、茎 29.756%~32.321%。粗蛋白质含量高于玉米秸秆 5.90%、小麦秸秆 2.80%，粗脂肪含量高于玉米秸秆 1.20%、小麦秸秆 1.05%[62]。3 种岩黄芪平均蛋白质含量叶 15.95%、茎 10.63%均低于苜蓿叶粉 20.36%、苜蓿茎粉 11.46%；酸性洗涤纤维叶 19.64%、茎 43.44%低于苜蓿叶粉

30.61%、茎粉58.80%；中性洗涤纤维叶21.71%、茎55.14%低于苜蓿叶粉45.47%、茎粉58.80%；钙含量叶1.12%、茎1.02%低于苜蓿叶粉钙含量3.15%、茎2.05%；磷含量叶0.16%、茎0.18%低于苜蓿叶粉0.35%、茎粉0.26%；钙/磷叶7.00：1、茎5.67：1低于苜蓿叶粉9.00：1、茎粉7.88：1[65]。岩黄芪属植物的营养成分虽然略低于苜蓿，但明显高于玉米秸秆和小麦秸秆，是优良的反刍家畜饲料。

表5-2 3种岩黄芪植物可食部分营养成分（%）

项目		细枝岩黄芪	塔落岩黄芪	山竹岩黄芪
有机物质	叶	71.168	78.464	81.381
	茎	91.286	90.382	96.578
粗蛋白质	叶	15.00	16.07	16.78
	茎	10.85	10.79	10.24
粗脂肪	叶	4.24	5.53	6.56
	茎	3.47	2.87	3.47
酸性洗涤纤维	叶	19.652	19.335	19.951
	茎	41.374	44.722	44.230
中性洗涤纤维	叶	20.150	23.421	21.548
	茎	50.409	59.902	55.116
木质素	叶	40.309	38.695	43.505
	茎	32.321	29.756	31.010

5.2 6种固沙植物氨基酸含量分析

用HITACHI835-50氨基酸分析仪对6种固沙植物全株及植株可食部分和不可食部分的17种氨基酸成分进行了分析，表5-3表明6种固沙植物均含有较高的氨基酸含量，其氨基酸总含量变动范围8.71%~11.03%，排第一位的是小叶锦鸡儿，氨基酸含量达11.03%，排最后一位的是细枝岩黄芪，氨基酸含量为8.71%。Duncan′s新复极差多重比较分析6种固沙植物全株氨基酸含量差异不显著。6种固沙植物可食与不可食部分氨基酸含量有较大的差异（表5-4、表5-5），细枝岩黄芪叶氨基酸含量达12.58%、嫩茎12.09%、老茎仅4.23%；塔落岩黄芪叶氨基酸含量14.88%、嫩茎12.80%、老茎3.75%；山竹岩黄芪叶氨基酸含量13.95%、嫩茎10.42%、老茎4.45%；岩黄芪属植物可食部分（叶、嫩茎）与不可食部分氨基酸含量差异显著。柠条锦鸡儿叶氨基酸含量13.22%、茎6.19%，中间锦鸡儿叶氨基酸含量18.12%、茎7.52%；小叶锦鸡儿叶氨基酸含量15.03%、茎8.33%；锦鸡儿属植物叶氨基酸含量与茎差异显著。

表5-3　6种固沙植物氨基酸含量比较（%）

氨基酸	细枝岩黄芪	塔落岩黄芪	山竹岩黄芪	柠条锦鸡儿	中间锦鸡儿	小叶锦鸡儿
天门冬氨酸	1.23	1.32	1.55	0.96	1.05	1.54
苏氨酸	0.41	0.49	0.46	0.47	0.50	0.54
丝氨酸	0.43	0.51	0.51	0.47	0.48	0.55
谷氨酸	1.03	1.23	1.15	1.06	1.22	1.27
脯氨酸	0.53	0.64	0.53	0.78	0.83	1.12
甘氨酸	0.44	0.51	0.50	0.45	0.52	0.51
丙氨酸	0.50	0.56	0.53	0.49	0.57	0.59
胱氨酸	0.07	0.07	0.07	0.07	0.06	0.07
缬氨酸	0.58	0.64	0.61	0.59	0.64	0.68
蛋氨酸	0.09	0.08	0.10	0.09	0.09	0.10
异亮氨酸	0.48	0.49	0.46	0.46	0.49	0.52
亮氨酸	0.76	0.85	0.81	0.76	0.85	0.85
酪氨酸	0.28	0.30	0.29	0.29	0.35	0.37
苯丙氨酸	0.53	0.56	0.56	0.49	0.58	0.58
赖氨酸	0.71	0.80	0.74	0.73	0.68	0.81
组氨酸	0.22	0.25	0.24	0.24	0.26	0.28
精氨酸	0.42	0.51	0.50	0.46	0.65	0.65
合计	8.71[a]	9.81[a]	9.61[a]	8.86[a]	9.82[a]	11.03[a]
位次	6	3	4	5	2	1

※右上角有相同字母表示不同植物之间差异不显著，字母不同表示不同种植物之间差异显著（$P<0.05$）

表5-4　3种岩黄芪属植物可食与不可食部分氨基酸含量比较（%）

氨基酸	细枝岩黄芪			塔落岩黄芪			山竹岩黄芪		
	叶	茎	老茎	叶	茎	老茎	叶	茎	老茎
天门冬氨酸	2.45	1.80	0.69	3.17	1.47	0.72	2.67	1.74	0.73
苏氨酸	0.50	0.60	0.19	0.63	0.64	0.16	0.61	0.49	0.20
丝氨酸	0.55	0.63	0.23	0.67	0.68	0.20	0.67	0.55	0.25
谷氨酸	1.21	1.50	0.41	1.52	1.55	0.32	1.47	1.18	0.43
脯氨酸	1.88	0.63	0.30	1.61	0.89	0.23	1.50	0.63	0.19
甘氨酸	0.48	0.64	0.18	0.61	0.70	0.14	0.60	0.53	0.19
丙氨酸	0.59	0.70	0.20	0.71	0.78	0.17	0.68	0.56	0.22
胱氨酸	0.07	0.09	0.05	0.11	0.09	0.06	0.10	0.08	0.05

（续表）

氨基酸	细枝岩黄芪			塔落岩黄芪			山竹岩黄芪		
	叶	茎	老 茎	叶	茎	老 茎	叶	茎	老 茎
缬氨酸	0.67	0.74	0.29	0.81	0.81	0.25	0.84	0.67	0.31
蛋氨酸	0.12	0.12	0.07	0.17	0.11	0.21	0.16	0.10	0.06
异亮氨酸	0.50	0.57	0.24	0.58	0.63	0.21	0.58	0.52	0.24
亮氨酸	0.79	1.05	0.35	0.99	1.14	0.32	1.05	0.84	0.36
酪氨酸	0.28	0.41	0.07	0.39	0.47	0.11	0.81	0.57	0.30
苯丙氨酸	0.86	0.71	0.29	0.83	0.74	0.26	0.81	0.57	0.30
赖氨酸	0.75	0.94	0.34	0.93	1.07	0.30	0.70	0.82	0.39
组氨酸	0.34	0.31	0.12	0.41	0.33	0.11	0.38	0.29	0.14
精氨酸	0.54	0.65	0.21	0.74	0.70	0.11	0.78	0.53	0.18
合 计	12.58[a]	12.09[a]	4.23[b]	14.88[a]	12.80[a]	3.75[b]	13.95[a]	10.42[a]	4.45[b]

※右上角有相同字母表示同种植物之间不同部分差异不显著，字母不同表示同种植物之间不同部分差异显著（$P<0.05$）

表 5-5 3种锦鸡儿属植物可食与不可食部分氨基酸含量比较（%DM）

氨基酸	柠条锦鸡儿		中间锦鸡儿		小叶锦鸡儿	
	叶	茎	叶	茎	叶	茎
天门冬氨酸	1.81	0.81	1.96	0.93	1.82	1.55
苏氨酸	0.64	0.33	0.90	0.40	0.74	0.43
丝氨酸	0.66	0.33	0.87	0.40	0.73	0.43
谷氨酸	1.52	0.61	2.28	0.77	1.81	0.85
脯氨酸	1.06	0.70	1.33	1.00	1.36	0.81
甘氨酸	0.65	0.27	0.97	0.33	0.74	0.36
丙氨酸	0.76	0.30	1.08	0.37	0.92	0.40
胱氨酸	0.09	0.07	0.11	0.06	0.10	0.06
缬氨酸	0.83	0.39	1.11	0.46	0.95	0.49
蛋氨酸	0.12	0.08	0.15	0.08	0.14	0.07
异亮氨酸	0.64	0.31	0.90	0.35	0.77	0.36
亮氨酸	1.17	0.48	1.64	0.57	1.34	0.61
酪氨酸	0.45	0.16	0.69	0.21	0.49	0.23
苯丙氨酸	0.80	0.36	1.04	0.39	0.81	0.43
赖氨酸	0.95	0.51	1.41	0.63	0.94	0.64
组氨酸	0.33	0.17	0.46	0.19	0.38	0.21

（续表）

氨基酸	柠条锦鸡儿		中间锦鸡儿		小叶锦鸡儿	
	叶	茎	叶	茎	叶	茎
精氨酸	0.74	0.29	1.22	0.39	0.99	0.40
合 计	13.22[a]	6.17[b]	18.12[a]	7.52[b]	15.03[a]	8.23[b]

※右上角有相同字母表示同种植物之间不同部分差异不显著，字母不同表示同种植物之间不同部分差异显著（$P<0.05$）

5.3 营养成分季节变化

在植物的生长季节（6—9月）各月的月底采样，测试了3种岩黄芪植物的营养成分（表5-6）。3种岩黄芪属植物全株粗蛋白质含量随着生长季节的延长呈下降趋势，其粗蛋白质含量以生长初期为最高，细枝岩黄芪、塔落岩黄芪、山竹岩黄芪生长初期的粗蛋白质含量为10.81%、10.70%、11.95%，此后开始下降，至9月底果后营养期的8.37%、8.41%、9.06%，但粗蛋白质含量季节性变化差异不显著。

表5-6 3种岩黄芪属植物全株不同生长时期营养成分含量（%）

植 物	时 间	粗蛋白质	灰 分	钙	磷	酸性洗涤纤维	中性洗涤纤维
中性洗涤纤维	6月	10.81	2.76	0.73	0.12	51.15	57.22
	7月	9.74	3.76	0.78	0.11	54.79	57.69
	8月	9.57	3.49	1.23	0.10	56.76	62.89
	9月	8.37	3.61	1.52	0.09	57.36	65.91
塔落岩黄芪	6月	10.70	2.36	0.49	0.14	50.45	54.25
	7月	9.95	3.36	0.70	0.09	53.52	55.30
	8月	9.87	3.44	0.74	0.08	54.55	58.37
	9月	8.41	4.00	0.99	0.07	56.72	63.36
山竹岩黄芪	6月	11.95	3.36	0.99	0.13	48.51	50.20
	7月	10.52	3.73	1.06	0.12	51.38	54.81
	8月	9.66	3.88	1.26	0.11	51.98	58.29
	9月	9.06	4.58	1.38	0.10	55.78	62.57

3种岩黄芪属植物全株纤维性物质含量（酸性洗涤纤维、中性洗涤纤维）随着植物的生长呈上升趋势，细枝岩黄芪、塔落岩黄芪和山竹岩黄芪酸性洗涤纤维、中性洗涤纤维含量以营养期（6月）为最低，分别为51.15%、57.22%，50.46%、54.25%，48.51%、50.20%；果后营养期（9月）3种岩黄芪酸性洗涤

纤维、中性洗涤纤维含量最高，细枝岩黄芪、塔落岩黄芪、山竹岩黄芪的酸性洗涤纤维、中性洗涤纤维分别为57.36%、65.91%，56.72%、63.36%，55.78%、62.57%。

3种岩黄芪的灰分、矿物成分钙含量及钙/磷呈现随着植物的生长发育增加的趋势，而磷含量则相反，随着植物的生长发育呈递减趋势。细枝岩黄芪生长初期（6月）灰分含量较低2.76%、钙元素最低0.73%、磷元素最高0.12%、钙/磷为6.08：1，果后营养期（9月）灰分含量较高3.61%、钙元素最高1.52%、磷元素最低0.09%、钙/磷为16.89：1；塔落岩黄芪生长初期（6月）灰分含量较低2.36%、钙元素最低0.49%、磷元素最高0.14%、钙/磷为3.5：1，果后营养期（9月）灰分含量较高4.00%、钙元素最高0.99%、磷元素最低0.07%、钙/磷为14.14：1；山竹岩黄芪生长初期（6月）灰分含量较低3.36%、钙元素最低0.99%、磷元素最高0.13%、钙/磷为7.62：1，果后营养期（9月）灰分含量较高4.58%、钙元素最高1.38%、磷元素最低0.10%、钙/磷为12.55：1。

岩黄芪属植物属于落叶灌木，随着生长季节的延伸，植物以落叶的方式躲避干旱，因而作为可利用饲料部分以当年的新生枝条为主。为此，对新生枝条营养成分的季节性变化进行了分析研究（表5-7）。岩黄芪属植物的枝条的粗蛋白质、磷元素随着植物的生长发育呈下降趋势，中性洗涤纤维、酸性洗涤纤维、灰分、钙元素则随着植物的生长发育呈上升趋势。岩黄芪属植物枝条的粗蛋白质、磷元素以营养期（6月）为最高，果后营养期（9月）最低。细枝岩黄芪营养期的粗蛋白质、磷含量为12.41%、0.17%，酸性洗涤纤维、中性洗涤纤维、灰分、钙及钙/磷是41.22%、49.41%、3.01%、0.99%、5.82：1，果后营养期的粗蛋白质、磷含量为9.48%、0.13%，酸性洗涤纤维、中性洗涤纤维、灰分、钙及钙/磷为55.37%、61.92%、4.21%、1.73%、13.31：1。塔落岩黄芪营养期的粗蛋白质、磷含量为12.30%、0.20%，酸性洗涤纤维、中性洗涤纤维、灰分、钙及钙/磷是40.50%、49.79%、2.29%、0.74%、3.70：1，果后营养期的粗蛋白质、磷含量10.52%、0.13%，酸性洗涤纤维、中性洗涤纤维、灰分、钙及钙/磷为54.51%、61.87%、3.91%、1.20%、9.23：1。山竹岩黄芪营养期的粗蛋白质、磷含量为13.63%、0.19%，酸性洗涤纤维、中性洗涤纤维、灰分、钙及钙/磷是41.22%、49.39%、2.58%、1.07%、5.63：1，果后营养期的粗蛋白质、磷含量11.01%、0.15%，酸性洗涤纤维、中性洗涤纤维、灰分、钙及钙/磷为54.72%、60.44%、4.05%、1.32%、8.80：1。

表 5-7 3种岩黄芪属植物新生枝条不同生长时期营养成分含量（%）

植　　物	时　间	粗蛋白质	灰　分	钙	磷	酸性洗涤纤维	中性洗涤纤维
中性洗涤纤维	6月	12.41	3.01	0.99	0.17	41.22	49.41
	7月	11.58	3.44	1.37	0.16	52.57	54.28
	8月	10.11	4.01	1.50	0.15	54.04	61.91
	9月	9.48	4.21	1.73	0.13	55.37	61.92
塔落岩黄芪	6月	12.30	2.29	0.74	0.20	40.50	49.79
	7月	11.76	2.93	0.85	0.15	47.83	54.00
	8月	10.86	3.88	0.99	0.14	53.23	60.78
	9月	10.52	3.91	1.20	0.13	54.51	61.87
山竹岩黄芪	6月	13.63	2.58	1.07	0.19	41.22	49.39
	7月	13.58	2.88	1.90	0.19	46.05	53.63
	8月	13.15	3.12	1.12	0.18	53.12	59.07
	9月	11.01	4.05	1.32	0.15	54.72	60.44

5.4 小　结

①6种固沙植物营养成分和氨基酸含量丰富，适宜于家畜饲养的要求，是沙区发展草地畜牧业优质的饲草资源。

②3种岩黄芪全株及新生枝条以生长初期营养价值最高，随着植物的生长发育，粗蛋白质、磷元素含量下降，纤维性物质（酸性洗涤纤维、中性洗涤纤维）的变化与粗蛋白质相反，随着植物的生长发育而增加。

③钙、磷含量及钙/磷应引起重视，岩黄芪属植物钙含量在生长季节递增，呈浓缩型，磷含量递减，呈稀释型。钙/磷呈增大趋势，在果后营养期超出7∶1的家畜耐受极限，因此在饲料配制时必须考虑添加适量的磷以调节其钙磷比。

④3种岩黄芪的粗蛋白质、灰分、酸性洗涤纤维、中性洗涤纤维、钙、磷含量均有明显的季节性变化规律，从家畜的营养、生物量和采收加工等综合因素考虑，采收季节以6月底至7月中旬为宜。

6 3种岩黄芪属植物生物学特性的研究

6.1 生长速率的研究

从图6-1可以看出，3种锦鸡儿属植物和3种岩黄芪属植物第1年的生长曲线基本呈“S”形曲线生长，但都生长缓慢，岩黄芪属植物的生长速率明显高于锦鸡儿属植物。到9月25日细枝岩黄芪、塔落岩黄芪、山竹岩黄芪的株高分别达到38.55cm、32.75cm、24.85cm，柠条锦鸡儿、中间锦鸡儿、小叶锦鸡儿的株高分别达19.42cm、18.83cm、22.83cm，岩黄芪属植物平均生长高度为32.05cm，锦鸡儿属植物为20.36cm，岩黄芪属植物生长高度比锦鸡儿属植物高11.69cm，两属植物差异显著（$P \leqslant 0.05$）。

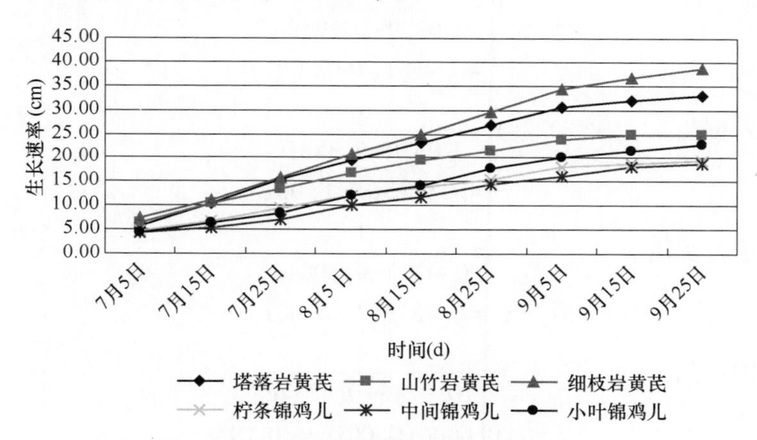

图6-1　6种固沙植物第1年生长速率曲线

植物在单位时间内植株生长的高度称为生长速率，从表6-1中可以看出日平均生长速率以细枝岩黄芪为最高日平均达0.39cm/d、塔落岩黄芪为0.34cm/d、山竹岩黄芪和小叶锦鸡儿为0.23cm/d、生长最为缓慢的是柠条锦鸡儿和中间锦鸡儿，平均日生长速率为0.18cm/d，岩黄芪属植物生长速率平均值为0.32cm/d，锦鸡儿属植物平均是0.20cm/d，岩黄芪属植物高于锦鸡儿属植物0.12cm/d。细枝岩黄芪与山竹岩黄芪和锦鸡儿属植物差异显著，塔落岩黄芪与柠条锦鸡儿和中间锦鸡儿差异显著，与小叶锦鸡儿差异不显著，山竹岩黄芪与锦鸡儿属植物差异不显著（$P>0.05$）。

表 6-1　6 种固沙植物第 1 年生长速率（cm/d）

项　目	10d	20d	30d	40d	50d	60d	70d	80d	平　均
细枝岩黄芪	0.38	0.48	0.51	0.40	0.47	0.49	0.22	0.20	0.39_{a}
塔落岩黄芪	0.46	0.51	0.41	0.37	0.36	0.38	0.13	0.10	0.34_{ab}
山竹岩黄氏	0.40	0.32	0.33	0.27	0.20	0.22	0.11	0.07	0.23_{bc}
柠条锦鸡儿	0.20	0.25	0.28	0.18	0.15	0.27	0.08	0.06	0.18_{c}
中间锦鸡儿	0.11	0.16	0.30	0.18	0.27	0.20	0.15	0.08	0.18_{c}
小叶锦鸡儿	0.18	0.22	0.35	0.21	0.37	0.24	0.13	0.13	0.23_{bc}

※右下角有相同字母表示不同植物之间差异不显著，字母不同则差异显著（$P\leq 0.05$）

从表 6-1 中我们还可以看出 7 月 5 日至 9 月 5 日（10~60d）间各种植物的生长速率比较快，而 9 月 5 日（60d）以后生长速率迅速下降，其主要原因是 7—8 月气温较高、降雨偏多，适宜于植物的生长，9 月气温开始下降、降雨偏少，对植物的生长起了限制作用。栽培种植的 6 种固沙植物的生长高度（y）与生长天数（x）的关系可用下列的曲线回归方程概括：

细枝岩黄芪

$$Y=\frac{1}{0.0359+0.2959e^{-x}}$$

$$\gamma^2=0.9581(P<0.001)$$

塔落岩黄芪

$$Y=\frac{1}{0.0378+0.3881e^{-x}}$$

$$\gamma^2=0.8625(P<0.001)$$

山竹子岩黄芪

$$Y=\frac{1}{0.0475+0.3084e^{-x}}$$

$$\gamma^2=0.9853(P<0.001)$$

柠条锦鸡儿

$$Y=\frac{1}{10.0786+0.4737e^{-x}}$$

$$\gamma^2=0.6006(0.001<P<0.01)$$

中间锦鸡儿

$$Y=\frac{1}{0.0669+0.4198e^{-x}}$$

$$\gamma^2=0.7615(P<0.001)$$

小叶锦鸡儿

$$Y=\frac{1}{0.0635+0.475e^{-x}}$$

$$\gamma^2=0.6593(0.001<P<0.01)$$

6 种固沙植物第 2 年生长速度明显加快（图 6-2），其中细枝岩黄芪、塔落岩黄芪、山竹岩黄芪的生长速率分别为0.81cm/d、0.67cm/d、0.62cm/d，3种岩黄芪平均生长速率为0.70cm/d；而柠条锦鸡儿、中间锦鸡儿、小叶锦鸡儿的生长速率分别为0.26cm/d、0.29cm/d、0.27cm/d，锦鸡儿属植物平均生长速率为0.27cm/d，岩黄芪属植物生长速率平均值高于鸡儿属植物0.43cm/d（表6-2），岩黄芪属植物生长速率高于锦鸡儿属植物，且差异显著，细枝岩黄芪高于其他两种岩黄芪，且差异显著（$P<0.05$）。6种固沙植物生长第2年的生长高度（y）与生长天数（x）的曲线回归方程如下：

细枝岩黄芪

$$Y=\frac{1}{0.0105+0.0892e^{-x}}$$

$$\gamma^2=0.9597(P<0.001)$$

塔落岩黄芪

$$Y=\frac{1}{0.0113+0.0726e^{-x}}$$

$$\gamma^2=0.6889\ (P<0.001)$$

山竹岩黄芪

$$Y=\frac{1}{0.0127+0.763e^{-x}}$$

$$\gamma^2=0.5894\ (P<0.001)$$

柠条锦鸡儿

$$Y=\frac{1}{0.0263+0.0667e^{-x}}$$

$$\gamma^2=0.3120(0.01<P<0.05)$$

中间锦鸡儿

$$Y=\frac{1}{0.0252+0.0795e^{-x}}$$

$$\gamma^2=0.3943(0.01<P<0.05)$$

小叶锦鸡儿

$$Y=\frac{1}{0.0268+0.0757e^{-x}}$$

$$\gamma^2=0.3404(0.01<P<0.05)$$

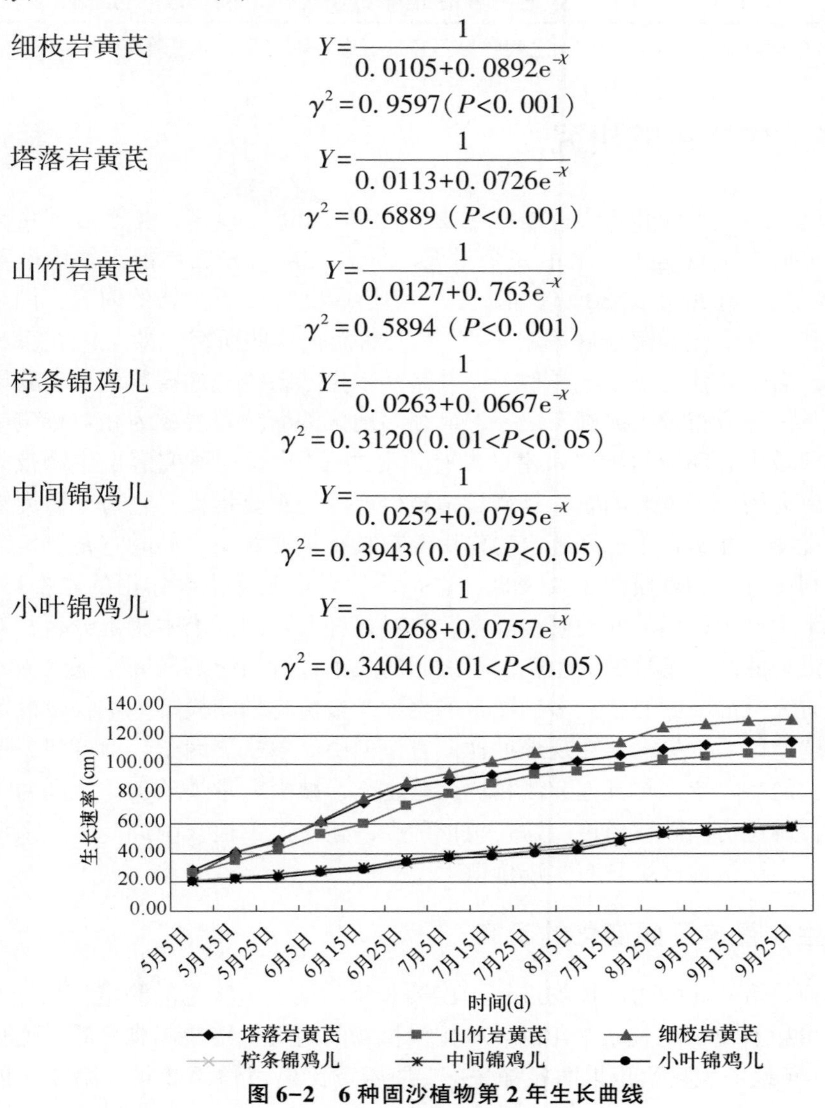

图6-2　6种固沙植物第2年生长曲线

表 6-2　6 种固沙植物第 2 年生长速度表（cm/d）

项　目	10d	20d	30d	40d	50d	60d	70d	80d	90d	100d	110d	120d	130d	140d	平　均
细枝岩黄芪	1.59	0.73	1.43	1.51	1.15	0.65	0.77	0.56	0.41	0.39	0.99	0.20	0.17	0.14	0.81_a
塔落岩黄芪	1.25	0.82	1.21	1.37	1.11	0.35	0.46	0.43	0.45	0.37	0.45	0.31	0.16	0.12	0.67_b
山竹岩黄芪	0.77	0.85	1.01	0.73	1.18	0.82	0.71	0.57	0.27	0.27	0.49	0.25	0.13	0.10	0.62_b
柠条锦鸡儿	0.14	0.24	0.16	0.20	0.32	0.36	0.26	0.28	0.21	0.42	0.48	0.29	0.22	0.13	0.26_c
中间锦鸡儿	0.24	0.23	0.30	0.25	0.46	0.33	0.29	0.25	0.15	0.58	0.33	0.18	0.12	0.10	0.29_c
小叶锦鸡儿	0.19	0.14	0.26	0.24	0.51	0.33	0.09	0.18	0.23	0.61	0.48	0.13	0.13	0.11	0.27_c

※右下角有相同字母表示不同植物之间差异不显著，字母不同则差异显著（$P\leqslant0.05$）

6.2　地上生物量的研究

自 20 世纪 60 年代开始实行国际生物学计划（IBP）以来，生态系统生物量和生产力的研究一直是生态学中一个重要的研究方向，并提供了大量的基础数据[100-101]。进入到 20 世纪 80、90 年代，生物量研究又赋予了新的内容，即与全球碳循环和全球变化紧密地联系起来[102-103]．然而，这些研究主要集中在森林生态系统中，对于其他生态系统类型，尤其是灌木生态系统关注得比较少。我国是世界上灌丛面积分布较大的国家之一，而很多地区的灌丛发展成为相对稳定的群落，对于区域生态环境的维护和建设具有重要的作用[104]。研究灌木生物量是植被生态学研究的一个重要内容，是衡量植被生产力的主要指标，它对于研究灌木生长发育规律，灌木在生态系统中的作用等都具有重要意义，同时它是制定灌木资源合理利用方式和规模的重要依据，也是评价灌木改良土壤作用的重要指标。我们选择了生产中常用的 6 种固沙灌木，并对每种灌木的标准木测定分析，对灌木的生物量与株高、茎直径等生长因子之间的关系进行系统的研究，探索灌木生物量预测研究方法，同时建立多种灌木的生物量最优化预测模型。生物量的数学预测模型建立以后，只需要在现地抽样调查模型中简单易测因子，即可代入模型中计算出它的生物量，与其他方法相比，精度高、减少大量烦琐工作，同时不必刈割植物，避免再次破坏植被，这在植被稀少，建立人工植被困难，生态系统脆弱的干旱、半干旱地区更具有实用价值[27]。

6.2.1　生物量年际间变化的研究

对引种栽培的 6 种固沙植物进行了连续 3 年的地上生物量的测定，从表 6-3 和图 6-3 可以看出，生长第 1 年的 6 种固沙植物的地上生物量都非常低，生长第 2 年、第 3 年地上生物量积累明显加快，3 种岩黄芪属植物第 2 年、第 3 年的地上生物量显著高于3种锦鸡儿属植物。1年龄岩黄芪属植物在9月底的单株干重细枝岩黄芪为1.66g、塔落岩黄芪1.10g、山竹岩黄芪0.56g，3种岩黄芪属植物平均单株干重为1.11g；锦鸡儿属的单株干重柠条锦鸡儿为0.40g、中间锦鸡儿0.39g、小叶锦鸡儿0.66g，3种锦鸡儿属植物单株干重平均为0.48g；3种岩黄芪属植物的单株干重为锦鸡儿属植物的近2.3倍。而且生长第1年的产量也非常低，3种岩黄芪属植物的平均鲜重产量为139.26kg/hm^2、干重66.33 kg/hm^2，3种锦鸡儿属植物的平均鲜重产量为54.36 kg/hm^2、干重33.33 kg/hm^2，岩黄芪属植物的平均鲜重产量为锦鸡儿属植物的2.6倍，干重为1.99倍。第1年单株干重、产量鲜重、产量干重细枝岩黄芪和塔落岩黄芪与山竹岩黄芪和锦鸡儿属植物差异显著，山竹岩黄芪与锦鸡儿属植物差异不显著（$P\leq0.05$）。

表6-3　6种固沙植物年际间地上生物量变化

项　目	1年龄			2年龄			1年龄		
	单株干重（g）	产量鲜重（kg/hm^2）	产量干重（kg/hm^2）	单株干重（g）	产量鲜重（kg/hm^2）	产量干重（kg/hm^2）	单株干重（g）	产量鲜重（kg/hm^2）	产量干重（kg/hm^2）
细枝岩黄芪	1.66^{a}_{c}	177.4^{a}_{b}	83.32^{a}_{b}	45.12^{ab}_{b}	3874.56^{ab}_{a}	2257.05^{ab}_{a}	92.43^{a}_{a}	3895.36^{ab}_{a}	2774.20^{a}_{a}
塔落岩黄芪	1.10^{b}_{c}	161.50^{a}_{b}	76.83^{a}_{b}	56.93^{a}_{b}	4649.33^{a}_{a}	2715.75^{a}_{a}	121.99^{a}_{a}	5973.76^{a}_{a}	3661.44^{a}_{a}
山竹岩黄芪	0.56^{c}_{c}	79.14^{b}_{c}	38.84^{b}_{c}	21.46^{bc}_{b}	2646.94^{abc}_{b}	1502.76^{bc}_{b}	98.73^{a}_{a}	4404.45^{a}_{a}	2962.24^{a}_{a}
柠条锦鸡儿	0.40^{c}_{c}	38.65^{b}_{c}	27.84^{b}_{c}	4.24^{c}_{b}	532.86^{c}_{b}	297.35^{c}_{b}	11.27^{b}_{a}	860.46^{c}_{a}	563.37^{b}_{a}
中间锦鸡儿	0.39^{c}_{c}	48.78^{b}_{b}	26.82^{b}_{c}	6.19^{c}_{b}	814.74^{c}_{bc}	433.63^{c}_{b}	14.13^{b}_{a}	1212.52^{c}_{c}	683.41^{b}_{a}
小叶锦鸡儿	0.66^{c}_{b}	75.64^{b}_{b}	45.32^{b}_{b}	10.83^{c}_{a}	1565.75^{bc}_{a}	758.25^{c}_{a}	17.29^{b}_{a}	1453.47^{bc}_{a}	864.85^{b}_{a}

※右上角有相同字母表示植物种之间差异不显著，字母不同则差异显著，右下角有相同字母表示同种植物不同年际之间差异不显著，字母不同则差异显著（$P\leq0.05$）

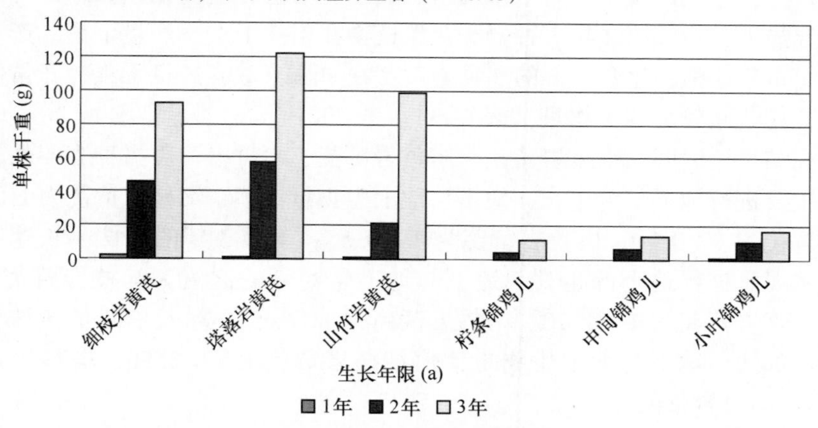

图6-3　6种固沙植物年际单株生物量变化

生长第2年，细枝岩黄芪、塔落岩黄芪、山竹岩黄芪的单株干重为45.12g、56.93g、21.46g，3种岩黄芪属植物平均单株干重为41.17g；柠条锦鸡儿、中间锦鸡儿、小叶锦鸡儿单株干重为4.24g、6.19g、10.83g，3种锦鸡儿属植物单株干重平均为7.09g；岩黄芪属植物的单株干重为锦鸡儿属植物的近5.8倍，而且岩黄芪属植物地上产量增加迅速，岩黄芪属植物平均产量鲜重达3723.61kg/hm^2、干重2158.52kg/hm^2；锦鸡儿属植物的平均鲜重产量为971.12kg/hm^2、干重351.87kg/hm^2，岩黄芪属植物的平均鲜重产量为锦鸡儿属植物的3.8倍，干重为6.13倍。第2年单株干重细枝岩黄芪和塔落岩黄芪差异不显著，塔落岩黄芪与山竹岩黄芪和锦鸡儿属植物差异显著，山竹岩黄芪与锦鸡儿属植物差异显著；产量干重（kg/hm^2）的显著性分析同单株干重分析结果一致（$P \leqslant 0.05$）。

生长3年的细枝岩黄芪、塔落岩黄芪、山竹岩黄芪的单株干重为92.43g、121.99g、98.73g，3种岩黄芪平均单株干重为104.38g；柠条锦鸡儿、中间锦鸡儿、小叶锦鸡儿单株干重为11.27g、14.13g、17.29g，3种锦鸡儿单株干重平均为14.23g；岩黄芪属植物的单株干重为锦鸡儿属植物的近7.34倍。岩黄芪属植物平均产量鲜重达4757.86kg/hm^2、干重3132.63kg/hm^2；锦鸡儿属植物的平均鲜重产量为1175.48kg/hm^2、干重703.88kg/hm^2，岩黄芪属植物的平均鲜重产量为锦鸡儿属植物的4.05倍，干重为4.45倍。第3年岩黄芪属植物的单株干重、产量干重及产量鲜重与锦鸡儿属植物差异显著（$P<0.05$）。

3种岩黄芪属植物在生长的3年中也存在一定的差异，但其差异在生长第3年就无明显表现。细枝岩黄芪、塔落岩黄芪、山竹岩黄芪在生长第1年单株干重有明显差异，地上产量干重与鲜重细枝岩黄芪与塔落岩黄芪无差异，但与山竹岩黄芪差异显著；生长第2年3种岩黄芪属植物在单株干重、产量干重、产量鲜重与生长第1年相似；生长3年的3种岩黄芪在单株干重、产量干重、产量鲜重上无差异，均达到较高的生物量（表6-3）。

研究结果还表明，细枝岩黄芪、塔落岩黄芪、山竹岩黄芪播种当年幼苗生长缓慢，主要进行地下部分生长，地下与地上生物量比值，细枝岩黄芪为1：1.55、塔落岩黄芪为1：0.70、山竹岩黄芪为1：0.55；生长2年的植株生长速度明显加快，主要是进行地上部生长，地下与地上生物量的比值为细枝岩黄芪为1：2.63、塔落岩黄芪为1：1.70、山竹岩黄芪为1：1.56；生长3年的植株生长速度进一步加快，地下与地上生物量比值细枝岩黄芪为1：3.50，塔落岩黄芪为1：2.44，山竹岩黄芪为1：2.38。

地上生物量在生长第2、第3年也增长迅速，细枝岩黄芪1年龄单株干重1.66g，仅为3年龄的1.8%、2年龄为3年龄的48.8%、单株干重3年差异显著；

1年龄产量干重83.32kg/hm²，为3年龄的3%、2年龄2257.05kg/hm²为3年龄的81.4%，地上产量干重2年龄与3年龄差异不显著，但与1年龄差异显著；塔落岩黄芪的单株干重与产量3年的变化与细枝岩黄芪近似，1年龄单株干重1.10g，仅为3年龄的0.8%、2年龄为3年龄的42.3%、单株干重3年差异显著；1年龄产量干重76.83kg/hm²，为3年龄的2.10%、2年龄2715.75kg/hm²为3年龄的74.17%，地上产量干重2年龄与3年龄差异不显著，但与1年龄差异显著；山竹岩黄芪1年龄单株干重0.56g为3年龄的0.56%，2年龄单株干重为3年龄的21.71%，1年龄与2年龄单株干重差异不显著，但与3年龄单株干重差异显著；1年龄产量干重为38.84 kg/hm²，为3年龄的1.31%，2年龄1502.76 kg/hm²，为3年龄的50.73%，3年之间产量干重差异显著。3种岩黄芪属植物冠幅也随着植株的生长而增大，3年之间冠幅差异显著（表6-4）。

表6-4 3种岩黄芪属植物年际生长状况

项目	细枝岩黄芪			塔落岩黄芪			山竹岩黄芪		
	1年龄	2年龄	3年龄	1年龄	2年龄	3年龄	1年龄	2年龄	3年龄
平均单株干重（g）	1.66^{c}	45.12^{b}	92.43^{a}	1.10^{c}	56.93^{b}	121.99^{a}	0.56^{b}	21.40^{b}	98.73^{a}
平均地上干重（kg/hm²）	83.32^{b}	2257.05^{a}	2774.20^{a}	76.83^{b}	2715.75^{a}	3661.44^{a}	38.84^{c}	1502.76^{b}	2962.24^{a}
平均冠幅（cm）	3.51^{c}	17.63^{b}	90.16^{a}	5.80^{c}	19.52^{b}	101.03^{a}	3.22^{c}	15.70^{b}	86.21^{a}
平均根长（cm）	38.28	120.08	165.75	45.60	127.40	198.33	34.15	87.33	177.75
平均根干重 g	1.07	17.14	26.39	1.57	33.42	49.95	1.12	13.68	41.51

※右上角有相同字母表示同种植物不同年际之间差异不显著，字母不同则差异显著（$P \leq 0.05$）

6.2.2 生物量季节变化的研究

灌木的生物量随着生长季节而发生较大变化，表6-5、图6-4表明，6种3年龄固沙植物的地上生物量在生长季节上有着较大变化，细枝岩黄芪单株干重季节变化曲线呈“单峰形”即最高峰值出现在6月117.98g，单株干重排序为6月>7月>5月>9月>8月，但是月单株干重差异不显著；塔落岩黄芪单株干重季节变化曲线表现为“双峰形”，最高峰值出现在8月134.57g，单株干重排序为8月>9月>6月>7月>5月，8月与7月和5月差异显著，与6月和9月差异不显著；山竹岩黄芪单株干重季节变化曲线为“单峰形”，最高值出现在6月113.91g，单株干重排序为6月>9月>7月>8月>5月，5月显著低于其他月，其他月之间差异不显著。细枝岩黄芪产量变化规律是在6月达到生物量最大值3541.20kg/hm²（干重），7—8月生物量下降，9月又有所回升；塔落岩黄芪在6月生物量有一个高峰，7月下降，8月生物量达到生物量最大值4028.60kg/hm²

（干重），9月下降；山竹岩黄芪生物量在6月到达最大值3370.22kg/hm^2（干重），7—8月生物量下降，9月生物量有所回升。柠条锦鸡儿单株干重季节变化曲线是“单峰形”，最高峰值出现在8月13.77g，单株干重排序为8月>9月>7月>6月>5月，8月与5月和6月差异显著，与7月和9月差异不显著；中间锦鸡儿单株干重季节变化曲线呈“波动型”，最高峰值也出现在8月13.77g，单株干重排序为8月>9月>6月>7月>5月，8月与5月和7月差异显著，与6月和9月差异不显著；小叶锦鸡儿单株干重季节变化曲线呈“双峰形”，高峰值出现在6月和8月，其峰值为32.09g和32.59g，单株干重排序为8月>6月>7月>9月>5月，但单株干重月之间差异不显著，3种锦鸡儿属植物的产量季节变动和植物单株干重变动一致。

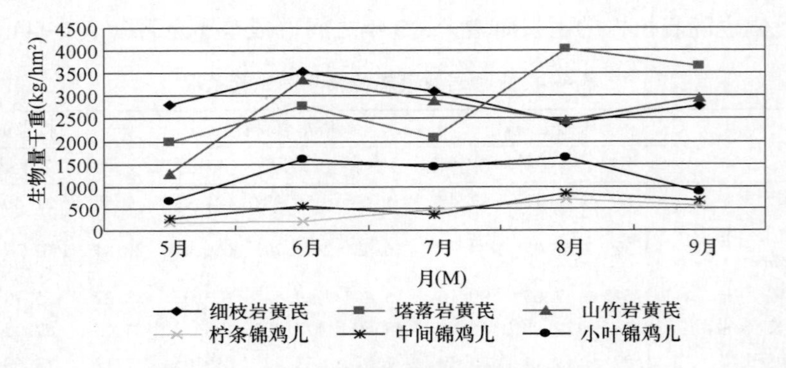

图6-4　6种3年龄固沙植物生物量季节变化

岩黄芪属植物的月平均单株干重为5月62.74g、6月108.16g、7月89.13g、8月98.97g、9月104.37g；锦鸡儿属植物的月平均单株干重为5月5.35g、6月15.86g、7月15.11g、8月21.05g、9月14.23g；岩黄芪属植物5—9月的月平均单株干重是锦鸡儿属植物的11.73倍、6.82倍、5.90倍、4.70倍、7.33倍，岩黄芪属植物显著高于锦鸡儿属植物，且差异显著（$P \leq 0.05$）。

表6-5　6种固沙植物生长3年龄地上生物量变化

项　目 单株干重（g）	5　月	6　月	7　月	8　月	9　月
细枝岩黄芪	95.73^{a}	117.98^{a}	102.22^{a}	80.12^{a}	92.43^{a}
塔落岩黄芪	66.77^{b}	92.60^{ab}	69.01^{b}	134.57^{a}	121.99^{ab}
山竹岩黄芪	25.72^{b}	113.91^{a}	96.15^{a}	82.23^{a}	98.70^{a}
柠条锦鸡儿	2.50^{b}	4.28^{b}	9.53^{ab}	13.77^{a}	11.27^{ab}
中间锦鸡儿	3.89^{c}	11.21^{abc}	6.97^{bc}	16.80^{a}	14.13^{ab}

（续表）

项 目 单株干重（g）	5 月	6 月	7 月	8 月	9 月
小叶锦鸡儿	9. 67[a]	32. 09[a]	28. 84[a]	32. 59[a]	17. 29[a]

※右上角有相同字母表示同种植物不同月之间差异不显著，字母不同则差异显著（$P \leqslant 0.05$）

6. 2. 3 3 种岩黄芪属植物产量估测模型

灌木的生物量与其生长指标（高、地径、冠幅、枝条数等）之间具有密切的关系，采用数学模拟的方法，以大量实测数据为基础，建立灌木生物量的预测模型，实现灌木生物量的预测预报。大多数灌木种以指数模型（$y = ax_i^{bi}$）最为适宜[27]，在回归式中又均以株高（H）和地径（D）组成的 D^2H 或 DH^2 为参数的幂函数预测精度为最高，平均预测精度（P）达 91%以上[25]。根据他人研究结果，结合该研究所取得的大量实测数据，对 3 种岩黄芪属植物不同生长年限的地上生物量（单株鲜重）进行了回归方法，采用的主要是株高、地上单株生物量鲜重和地径等指标（表 6-6），建立了 3 种岩黄芪生长 1 年、2 年、3 年的生物量预测模型，并同时建立了 3 种岩黄芪属植物平茬第 1 年的生物量预测模型：

生长第 1 年生物量鲜重预测模型：

细枝岩黄芪：
$$Y(g) = 2.2065(D^2H)^{0.5028}$$
$$r = 0.5170 \quad (0.01 < P < 0.05)$$

塔落岩黄芪：
$$Y(g) = 2.3373(D^2H)^{0.6058}$$
$$r = 0.8639 \quad (P < 0.01)$$

山竹岩黄芪：
$$Y(g) = 2.1908(D^2H)^{0.6390}$$
$$r = 0.7386 \quad (P < 0.001)$$

生长第 2 年生物量鲜重预测模型：

细枝岩黄芪：
$$Y(g) = 2.5288(D^2H)^{0.9368}$$
$$r = 0.7200 \quad (0.001 < P < 0.01)$$

塔落岩黄芪：
$$Y(g) = 6.2364(D^2H)^{0.6891}$$
$$r = 0.5109 \quad (0.01 < P < 0.05)$$

山竹岩黄芪：
$$Y(g) = 5.5309(D^2H)^{0.5325}$$
$$r = 0.8404 \quad (P < 0.001)$$

生长第 3 年生物量鲜重预测模型：

细枝岩黄芪：
$$Y(g) = 5.8682(D^2H)^{0.5281}$$
$$r = 0.7431 \quad (0.01 < P < 0.05)$$

塔落岩黄芪：
$$Y(g) = 18.2549(D^2H)^{0.3714}$$

$r=0.8072 \quad (0.001<P<0.01)$

山竹岩黄芪；　$Y(g)=5.7886(D^2H)^{0.6025}$

$r=0.8509 \quad (P<0.001)$

3 种岩黄芪属植物平茬生物量鲜重预测模型：

细枝岩黄芪：　$Y(g)=5.5769(D^2H)^{0.5836}$

$r=0.8057 \quad (0.001<P<0.01)$

塔落岩黄芪：　$Y(g)=5.7886(D^2H)^{0.3714}$

$r=0.8072 \quad (0.001<P<0.01)$

山竹岩黄芪：　$Y(g)=5.8976(D^2H)^{0.6025}$

$r=0.9409 \quad (P<0.001)$

植株生长是受许多因素影响或制约的，生长在不同地区、不同环境条件下的细枝岩黄芪、塔落岩黄芪、山竹岩黄芪植株，生长条件的差异必须导致生物量积蓄速度的差异，进而影响产量估测模型的系数以及偏差率不同，因而细枝岩黄芪、塔落岩黄芪、山竹岩黄芪植株产量估测模型在其他地区应用时尚需进行实地测定与改订正。

表 6-6　3 种岩黄芪属植物单株测定及相关分析

项　目	1 年龄			2 年龄			3 年龄		
	株高（cm）	茎直径（cm）	单株鲜重（g）	株高（cm）	茎直径（cm）	单株鲜重（g）	株高（cm）	茎直径（cm）	单株鲜重（g）
细枝岩黄芪									
均值	33.3	0.26	3.54	121.33	0.60	77.43	145.40	1.48	132.62
标准差	6.16	0.06	1.75	15.28	0.12	34.31	39.67	0.82	114.69
变异系数	0.18	0.25	0.50	0.13	0.20	0.44	0.27	0.55	0.86
塔落岩黄芪									
均值	26.55	0.18	2.31	101.55	0.53	92.94	132.80	2.07	200.56
标准差	5.04	0.07	1.72	14.87	0.22	75.41	26.24	0.84	93.14
变异系数	0.19	0.41	0.75	0.15	0.42	0.81	0.18	0.40	0.46
山竹岩黄芪									
均值	23.50	0.12	1.19	75.73	0.45	37.82	124.90	1.78	148.41
标准差	5.30	0.04	0.64	15.77	0.19	21.50	31.31	0.68	91.21
变异系数	0.23	0.34	0.53	0.21	0.42	0.57	0.25	0.40	0.61

6.2.4　地上生物量分解的研究

灌木随着生长年限的增加，部分枝条木质化，成为牲畜不可食部分。开展灌木地上生物量可食与不可食部分在总地上生物量中所占比例的研究，对合理、充分利用灌木资源具有重要意义。从表6-7中可以看出，3种岩黄芪属植物生长第1年地上生物量较少，叶茎比平均为4.05：1（细枝岩黄芪为3.37：1、塔落岩黄芪为5.11：1、细枝岩黄芪为3.67：1），生长第1年无老茎（不可食部分）；生长第2年，老茎在8月开始出现，且随着生长年限的增加，老茎在生物量所占的比例呈上升趋势，而叶和嫩茎（可食用部分）在生物量中所占的比例呈下降趋势。生长第2年，叶：嫩茎：老茎比平均为1：2.93：6.27（细枝岩黄芪为1：23.93：62.67，塔落岩黄芪为1：2.01：5.57，山竹岩黄芪为1：1.14：2.71）；生长第3年，叶：嫩茎：老茎平均比为1：1.82：9.28（细枝岩黄芪为1：30.38：117.69、塔落岩黄芪为1：1.23：5.29，山竹岩黄芪为1：1.02：6.88），随着生长年限的增长嫩茎和叶在总生物量所占比例下降，而老茎所占比例上升，因而在岩黄芪属植物生长到第3年应采取人工干预的措施，限制老茎在生物量占所占的比例，提升叶和嫩茎所占比例，为家畜提供充足优质的饲料。

表6-7　3种岩黄芪属植物年际间地上部分生物学变化

		细枝岩黄芪	塔落岩黄芪	山竹岩黄芪
叶干重（g）	1年龄	1.28（77.11%）	0.92（83.64%）	0.44（78.57%）
	2年龄	0.72（1.59%）	6.63（11.65%）	5.08（13.43%）
	3年龄	0.62（0.67%）	16.38（13.43%）	10.94（111.08%）
嫩茎干重（g）	1年龄	0.38（22.89%）	0.18（16.36%）	0.12（21.43%）
	2年龄	17.23（38.19%）	13.35（23.45%）	5.79（15.31%）
	3年龄	18.84（20.38%）	18.93（15.52%）	11.14（11.28%）
老茎干重（g）	1年龄			
	2年龄	27.17（60.22%）	36.95（64.90%）	13.78（36.44%）
	3年龄	72.97（78.95%）	86.68（71.06 %）	76.65（77.63%）
生物量干重（g）	1年龄	1.66（100%）	1.10（100%）	0.56（100%）
	2年龄	45.12（100%）	56.93（100%）	37.82（100%）
	3年龄	92.43（100%）	121.99（100%）	98.74（100%）

同生长年限一样，岩黄芪属植物生长第2年的8月部分枝条开始木质化，但其所占比例较少，仅为地上生物量总鲜重的30%左右，为地上生物量总干重的53.82%；生长第3年，由于地上有去年残存的枯枝，因而第3年5月即开始出现老枝，图6-5可知，5月叶：嫩茎：老茎平均为1：1.73：4.01（细枝岩黄芪为1：1.43：6.46、塔落岩黄芪为1：2.08：2.77、山竹岩黄芪为1：1.59：1.87）；6月叶：嫩茎：老茎平均为1：2.72：1.88（细枝岩黄芪为1：5.25：6.33、塔落岩黄芪为1：3.66：2.34、山竹岩黄芪为1：1.69：2.32），7月叶：嫩茎：老茎平均比为1：3.49：3.04（细枝岩黄芪为1：6.83：9.47，塔落岩黄芪为1：

3.27∶2.49，山竹枝岩黄芪为1∶2.59∶1.36）；8月叶∶嫩茎∶老茎平均值为1∶3.73∶3.06（细枝岩黄芪为1∶14.24∶7.42、塔落岩黄芪为1∶2.79∶3.44、山竹岩黄芪为1∶2.40∶1.71）；9月叶∶嫩茎∶老茎平均值为1∶1.82∶9.28（细枝岩黄芪为1∶30.44∶117.88、塔落岩黄芪为1∶1.23∶6.52、山竹岩黄芪为1∶1.02∶7.01）。

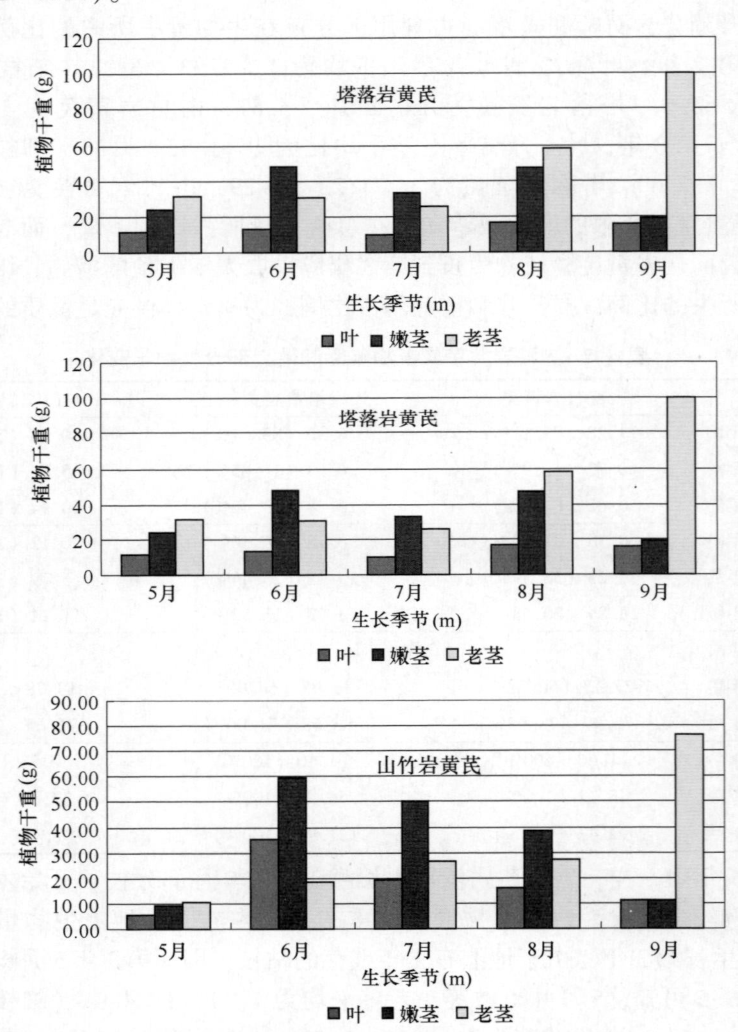

图6-5　生长第3年3种岩黄芪总生物量分解图

据分析可知，随着生长季节的延伸，嫩茎在生物量中所占的比例在下降，而老茎所占比例在上升。由于固沙灌木适口性差，主要用于收割加工草制品，因而需要可食的部分越大越好，根据研究我们可以确定生长2年的岩黄芪属植物在年底或来年春季可进行平茬，以防止枝条木质化，收获的适宜季节应在7月初至8月中旬进行，这样可获得较多的叶和嫩茎，为发展草食家畜畜牧业提供充足的饲料。

6.3　3种岩黄芪属植物地下生物量的研究

根系是植物的根基，在植物的个体发育过程中，根系的发育状况及其类型，在某种程度上决定着植物生存及其地上部分的形态特征、发育状况、抗逆性、品质及产量等重要特征。近代的研究还证实：根系内部所进行的复杂的生化合成作用，提供了植物地上部分正常生长所必需的化合物，这是其他植物器官不可替代的。在自然植被的形成过程中，由于根系在土壤中复杂的生长趋势，以及许多植物种根系强大的繁殖能力，在维持植物生存的同时，实现了灰分元素在土壤上部的聚集，使各类生境下不同根系类型的配比成为自然群落稳定性的重要基础[105]。

3种岩黄芪均为根蘖型植物，其特点是主根垂直向下生长，主根上的水平根（侧根）能产生根出芽，这些芽到达地面后形成地上枝条，并向下产生垂向根；或位于土壤内的根颈，由根颈或根颈附近发出的横卧枝条在土壤中往往根化，向下产生不定根，枝条最终伸出地面，形成地上枝条[105]。岩黄芪属植物具有粗壮而深的主根，侧根粗壮与地面平行延伸，并能形成多层次的侧根层，在侧根上又产生各级支根。主根深长，根系庞大可吸收土壤深层及较大面积多层次的水分及养分，因而它们具有耐旱的特点，具根瘤又耐贫瘠，其根幅大于冠幅，因而它们在不同降水量的年份里可使地上部分产量较稳定。同时也告诉我们种植这些植物在单位面积上密度不宜过大，否则植物生长不良。

6.3.1　地下生物量年际间变化研究

随着岩黄芪属植物生长年限的增加，植株的各种性状也在发生变化。由表6-8可以看出，年际间对比3种岩黄芪植株的根系长度均高于植株高度，说明岩黄芪植株的根系生长速度高于植株的地上生长速度。细枝岩黄芪根生长第1年为38.28cm、第2年为120.08cm、第3年为165.75cm，3年间根系长度差异显著；塔落岩黄芪根生长第1年45.60cm、生长第2年119.40cm、生长第3年为198.33cm、3年间根系发育差异显著；山竹岩黄芪根生长第1年为34.15cm、第2年为87.33cm、第3年为177.75cm，3年间根系发育差异显著。细枝岩黄芪根干重第1年为1.07g、第2年为17.14g、第3年为26.39g，第2年与第3年根系干重无显著差异，但与第1年差异显著；塔落岩黄芪生长3年之间根系干重为

1.57g、33.42g、49.95g，3 年间根系重量差异显著；山竹岩黄芪生长 3 年之间根系干重为 1.12g、13.68g、41.51g，3 年间根系干重差异显著；3 种岩黄芪植株根直径年际间差异显著（$P \leqslant 0.05$）。

岩黄芪植物生长第 1 年植株地上部分生长缓慢，而地下部分生长则相对较快，生长第 2 年以后地上生长加快，生物量积累迅速。通过根系干重和地上生物量干重对比可以看到，随着龄级的增大，地上部分干重大于地下部分干重，1 年龄植株的地上部分和地下部分较为接近，细枝岩黄芪地上生物量干重与地下生物量比为 1∶0.64、塔落岩黄芪为 1∶1.43、山竹岩黄芪为 1∶2.00，地下生物量为地上生物量 113.25%，为总生物量的 53.11%；到 2 年龄时，地上生物量积累加快，地上生物量干重高于地下生物量干重比为细枝岩黄芪地上生物量与地下生物量比为 1∶0.38、塔落岩黄芪为 1∶0.59、山竹岩黄芪为 1∶0.64，地下生物量约为地上生物量的 52.03%左右，为总生物量的 34.22%；3 年龄细枝岩黄芪地上生物量与地下生物量比为 1∶0.29、塔落岩黄芪为 1∶0.41、山竹岩黄芪为 1∶0.42，地下生物量为地上生物量的 36.18%左右，为总生物量的 26.57%

岩黄芪属植物不同种之间根系主要性状也存在着差异，表 6-8 表明，1 年龄和 2 年龄根干重塔落岩黄芪与山竹岩黄芪和细枝岩黄芪差异显著，细枝岩黄芪与山竹岩黄芪差异不显著；3 年龄根干重塔落岩黄芪和山竹岩黄芪与细枝岩黄芪差异显著。1 年龄根长塔落岩黄芪与细枝岩黄芪和山竹岩黄芪差异显著，细枝岩黄芪和山竹岩黄芪差异不显著；2 年龄塔落岩黄芪与细枝岩黄芪之间差异不显著，但两者与山竹岩黄芪差异显著；3 年龄 3 种植物差异不显著。1 年龄和 2 年龄根直径塔落岩黄芪与细枝岩黄芪差异不显著，两者与山竹岩黄芪差异显著；3 年龄塔落岩黄芪与细枝岩黄芪和山竹岩黄芪差异显著。

表 6-8　3 种岩黄芪属植物根系年际生长状况

项　目	细枝岩黄芪			塔落岩黄芪			山竹岩黄芪		
	1 年龄	2 年龄	3 年龄	1 年龄	2 年龄	3 年龄	1 年龄	2 年龄	3 年龄
株高（cm）	33.58	121.33	145.40	26.55	101.55	132.33	23.50	75.73	86.25
单株干重（g）	1.66	45.12	92.43	1.10	56.93	121.99	0.56	21.40	98.73
根长（cm）	38.28_{c}^{b}	120.08_{b}^{a}	165.75_{a}^{a}	45.60_{c}^{a}	119.40_{b}^{a}	198.33_{a}^{a}	34.15_{c}^{b}	87.33_{b}^{b}	177.75_{a}^{a}
根干重（g）	1.07_{b}^{b}	17.14_{a}^{b}	26.39_{a}^{b}	1.57_{c}^{a}	33.42_{b}^{a}	49.95_{a}^{a}	1.12_{c}^{b}	13.68_{b}^{b}	41.51_{a}^{a}
根直径（cm）	0.29_{c}^{a}	0.75_{b}^{a}	1.34_{a}^{b}	0.25_{c}^{a}	1.32_{b}^{a}	1.92_{a}^{a}	0.16_{c}^{b}	0.42_{b}^{b}	1.2_{a}^{b}
总生物量干重（g）	2.73	62.26	118.82	2.67	90.35	184.52	1.68	35.08	140.24

※右上角有相同字母表示不同植物同一年之间差异不显著，字母不同则差异显著，右下角有相同字母表示同种植物年际之间差异不显著，字母不同则差异显著（$P \leqslant 0.05$）

6.3.2　根系空间变化的研究

岩黄芪属植物的根系不仅在时间上发生变化，在空间上也发生变化。岩黄芪属植物为深根系植物，垂直根系发达，主根较明显，向下直伸。3种岩黄芪植物根系重量的分布由地表向下随着土层深度的增加而递减，细枝岩黄芪0~60cm的根系重量占根系总重量的74.23%，其中0~30cm占52.96%、30~60cm占21.27%，0~10cm根系重与各层差异显著、10~70cm与以下各层差异显著；塔落岩黄芪0~60cm的根系重量占根系总重量的66.44%，其中0~30cm占41.65%、30~60cm占23.99%，0~10cm、10~20cm、20~30cm之间不仅差异显著，而且与以下各层差异显著，30~60cm与下面各层根系重量差异显著；山竹岩黄芪0~60cm的根系重量占根系总重量的56.92%，0~30cm占38.64%、30~60cm占18.28%，0~20cm与各层差异显著，20~70cm与以下各层差异显著。根直径表现出同根系重量相同的趋势，即随着土层深度的增加根直径递减。侧根分布则表现出在100cm以上，而以10~40cm土层侧根数最多。主根在生长第3年可达150~230cm。岩黄芪属植物根系生长发育的特点反映了该属植物对环境的高度适应性，主根发达，深入地下，可以得到充足的地下水，侧根多集中在10~40cm，可以充分利用天然有效降水，因而在沙区表现出较强的抗旱性和固沙特性（图6-6）。

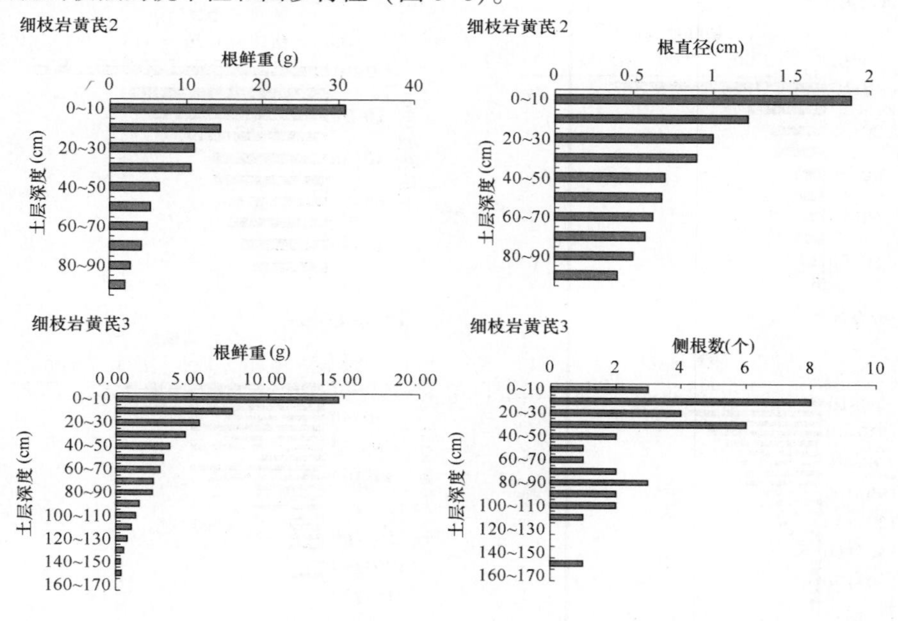

图6-6　岩黄芪属植物不同深度根系重量、直径、侧根数变化（一）

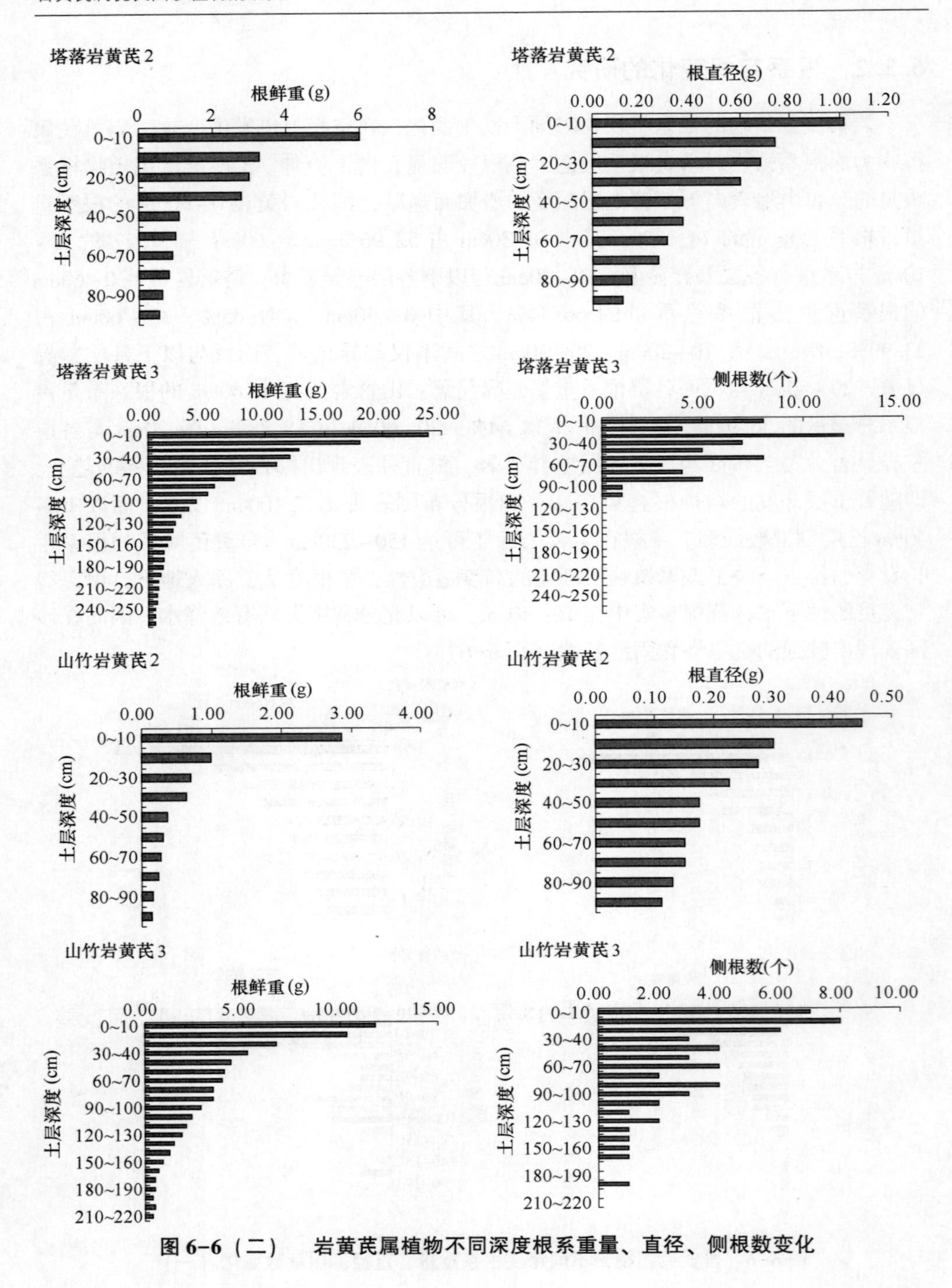

图 6-6（二） 岩黄芪属植物不同深度根系重量、直径、侧根数变化

6.4　固沙植物叶片形状及冠层结构的对比分析

植物生态学研究的一个重要的目的是通过了解植物对环境的适应特征，预测植物种群、群落乃至整个生态系统对竞争、气候变化及土地利用变化的响应。但是，植物与环境的关系体现在植物的生活史、形态、物候及生物等多个方面，不同的植物种类亦有不同的表现特征，使得该项研究工作很难在大量的植物种类上同时开展[106-108]。正是这一原因，驱使很多植物生态学家寻求一些关键的植物性状，这些植物性状可以最大限度地提供有关植物生长和适应环境的重要信息，并且这些植物性状具有易于测定的特点，可以同时对大量植物种类进行比较研究。目前，大多数植物生态学家认为，在众多的植物性状中，植物的一些叶片性状与植物的生长对策及植物利用资源的能力紧密联系，能够反应植物适应环境变化所形成的生存对策。

6.4.1　6种固沙植物叶片形态要素的比较

植物叶片不仅是植物重要的光合作用器官，而且植物叶片的形状要素也反映了植物对环境变化的适应特性。利用美国CI公司生产的CI-202叶面积测定仪于5月植物生长初期和8月植物生长旺盛期测定每种植物50片成熟叶片的叶面积、叶长、叶宽、长宽比、叶周长及叶片性状要素，同时测定每种植物单株的叶面积。表6-9表明，6种固沙植物的单片叶面积都不是很高，5月植物生长初期，岩黄芪属植物单片叶面积平均为0.73cm^2，锦鸡儿属植物单片叶面积平均0.15cm^2，两属植物单片叶面积差值为0.58cm^2，岩黄芪属植物单片叶面积显著高于锦鸡儿属植物，且差异显著；岩黄芪属植物单株叶面积平均为94.69cm^2，锦鸡儿属植物单株叶面积平均为87.72cm^2，两属植物单株叶面积差值为6.97cm^2，岩黄芪属植物单株叶面积略高于锦鸡儿属植物，但差异不显著。岩黄芪属植物平均叶长2.49cm、叶宽0.42cm、叶周长5.03cm、长/宽7.38均大于锦鸡儿属植物的叶长0.96cm、叶宽0.32cm、叶周长2.08cm、长/宽2.84，而且差异显著，但是岩黄芪属植物平均叶片形状要素0.30小于锦鸡儿属植物平均叶片形状要素0.47，且差异显著。以上数据表明岩黄芪属植物叶片大于锦鸡儿属植物叶片，岩黄芪属植物叶片为长条形，锦鸡儿属植物叶片为倒卵形或近圆形。经过6—7月干旱少雨炎热的夏季，植物在8月进入生长旺盛期，由于固沙植物对沙地环境的高度适应性，6种固沙植物在炎热干旱季节均以叶片脱落的方式减少蒸腾，躲避干旱，岩黄芪属植物由于单片叶面积大，蒸腾量大，因而在干旱季节大部分叶片脱落，8月以新生叶片为主，锦鸡儿属植物单片叶面积小，蒸腾量小，

8 月仍以老叶片为主。8 月岩黄芪属植物平均单片叶面积 0. 39cm^2大于锦鸡儿属植物平均单片叶面积 0. 22cm^2，且差异显著，但两属植物单片叶面积差值只有 0. 17cm^2；岩黄芪属植物单株叶面积平均为 521. 67cm^2高于锦鸡儿属植物单株叶面积平均值 236. 74cm^2，而且两属植物之间差异显著；岩黄芪属植物平均叶片叶长 2. 28cm、叶周长 4. 52cm、长/宽 3. 94 大于锦鸡儿属植物平均叶长 0. 95cm、叶周长 2. 11cm、长/宽 2. 60：1，且差异显著；但岩黄芪属植物平均叶宽 0. 25cm、叶形状要素 0. 26 低于锦鸡儿属植物平均叶宽 0. 37cm、叶形状要素 0. 63，两属植物差异显著。说明岩黄芪属植物在 8 月虽然以新生叶片为主，但叶片仍然大于锦鸡儿属植物叶片，单株叶面积岩黄芪属植物 5 月与锦鸡儿属植物差异不显著，但 8 月显著高于锦鸡儿属植物，表明岩黄芪属植物单株叶面积增长速度高于锦鸡儿属植物。

不仅岩黄芪属植物叶片与锦鸡儿属植物叶片之间存在差异，而且岩黄芪属植物不同种叶片之间也存在差异。5 月单片叶面积细枝岩黄芪 0. 64cm^2 < 塔落岩黄芪 0. 77cm^2 < 山竹岩黄芪 0. 79cm^2，3 种植物之间差异不显著；单株叶面积塔落岩黄芪 80. 33cm^2 < 细枝岩黄芪 94. 85cm^2 < 山竹岩黄芪 108. 89cm^2，山竹岩黄芪与塔落岩黄芪差异显著，塔落岩黄芪与细枝岩黄芪差异不显著；叶长细枝岩黄芪 2. 71cm>塔落岩黄芪 2. 52cm>山竹岩黄芪 2. 25cm，细枝岩黄芪和塔落岩黄芪之间差异不显著，但与山竹岩黄芪差异显著；叶宽塔落岩黄芪 0. 44cm>细枝岩黄芪 0. 43cm>山竹岩黄芪 0. 38cm，3 种植物之间无显著差异；叶周长细枝岩黄芪 5. 59cm>塔落岩黄芪 5. 03cm>山竹岩黄芪 4. 52cm，长/宽细枝岩黄芪 8. 68>塔落岩黄芪 7. 75>山竹岩黄芪 5. 79，3 种植物差异显著；叶片形状要素山竹岩黄芪 0. 36>细枝岩黄芪 0. 28>塔落岩黄芪 0. 26，山竹岩黄芪与细枝岩黄芪和塔落岩黄芪差异显著。植物生长进入 8 月，植物叶片发生了变化，单片叶面积细枝岩黄芪 0. 56cm^2>塔落岩黄芪 0. 31cm^2>山竹岩黄芪 0. 30cm^2，细枝岩黄芪与塔落岩黄芪和山竹岩黄芪差异显著；单株叶面积细枝岩黄芪 61. 57cm^2 < 山竹岩黄芪 439. 59cm^2 < 塔落岩黄芪 1070. 59cm^2，3 种植物差异显著。叶长细枝岩黄芪 3. 04cm>塔落岩黄芪 2. 18cm>山竹岩黄芪 1. 62cm，叶周长细枝岩黄芪 6. 00cm>塔落岩黄芪 4. 31cm>山竹岩黄芪 3. 25cm，长/宽细枝岩黄芪 11. 29>塔落岩黄芪 9. 73>山竹岩黄芪 5. 82，3 种植物之间差异显著；叶宽细枝岩黄芪 0. 27cm=山竹岩黄芪 0. 27cm>塔落岩黄芪 0. 21cm，3 种植物无显著差异；叶片形状要素细枝岩黄芪 0. 20 < 塔落岩黄芪 0. 22 < 山竹岩黄芪 0. 37，山竹岩黄芪与细枝岩黄芪和塔落岩黄芪差异显著。综合分析以上数据，3 种岩黄芪属植物中细枝岩黄芪叶长、叶周长、长/宽为最大，叶片形状要素最小，表明该种植物叶片最大且细长，山竹岩黄芪叶长、叶周长、长/宽为最小，叶片形状要素最大，表明该种植物叶片最小且椭圆形。单片

叶面积5月以山竹岩黄芪最大，细枝岩黄芪最小，8月单片叶面积以细枝岩黄芪最大，山竹岩黄芪最小，单株叶面积5月以山竹岩黄芪最大，塔落岩黄芪最小，8月以塔落岩黄芪最大，细枝岩黄芪最小，这是由3种岩黄芪属植物生物生态学特性所决定的，细枝岩黄芪来自于试验区以西的荒漠干旱区，为了适应当地干旱的生态环境，在干旱季节以大部分叶片脱落来躲避干旱，到8月单株叶面积最小；山竹岩黄芪来自于东北，在5月环境较好季节，植物生长发育较快，在5月单株叶面积最大，但为了躲避干旱，在干旱季节，部分叶片脱落，在8月单株叶面积虽有大幅度增加，但仍然低于塔落岩黄芪，塔落岩黄芪为当地品种，对当地环境有高度的适应性，虽然有一定数量的叶片脱落，但植物生长旺盛，在8月单株叶面积达到最大值。

表6-9　6种固沙植物叶片形状要素比较

植物种类	叶面积（cm^2）	叶长（cm）	叶宽（cm）	叶周长（cm）	长/宽	形状要素	叶面积（cm^2/株）
5月							
细枝岩黄芪	0.64^{a}	2.71^{a}	0.43^{a}	5.59^{a}	8.68^{a}	0.28^{c}	94.85^{bc}
塔落岩黄芪	0.77^{a}	2.52^{a}	0.44^{a}	5.03^{b}	7.75^{b}	0.26^{c}	80.33^{c}
山竹岩黄芪	0.79^{a}	2.25^{b}	0.38^{ab}	4.52^{c}	5.79^{c}	0.36^{b}	108.89^{ab}
平均值	0.73$_{a}$	2.49$_{a}$	0.42$_{a}$	5.03$_{a}$	7.38$_{a}$	0.30$_{b}$	94.69$_{a}$
柠条锦鸡儿	0.08^{c}	0.74^{d}	0.23^{ab}	1.55^{e}	2.97^{d}	0.48^{a}	57.82^{d}
中间锦鸡儿	0.15^{c}	1.00^{cd}	0.32^{b}	2.17^{d}	2.97^{d}	0.46^{a}	120.76^{a}
小叶锦鸡儿	0.22^{b}	1.13^{c}	0.42^{a}	2.53^{d}	2.57^{d}	0.48^{a}	84.57^{c}
平均值	0.15$_{b}$	0.96$_{b}$	0.32$_{b}$	2.08$_{b}$	2.84$_{b}$	0.47$_{a}$	87.72$_{a}$
8月							
细枝岩黄芪	0.56^{a}	3.04^{a}	0.27^{c}	6.00^{a}	11.29^{a}	0.20^{e}	61.57^{c}
塔落岩黄芪	0.31^{b}	2.18^{b}	0.21^{d}	4.31^{b}	9.73^{b}	0.22^{e}	1070.59^{a}
山竹岩黄芪	0.30^{b}	1.62^{c}	0.27^{c}	3.25^{c}	5.82^{c}	0.37^{d}	439.59^{b}
平均值	0.39$_{a}$	2.28$_{a}$	0.25$_{b}$	4.52$_{a}$	8.94$_{a}$	0.26^{b}	521.67$_{a}$
柠条锦鸡儿	0.17^{c}	1.03^{d}	0.28^{c}	2.16^{d}	3.47^{d}	0.49^{c}	74.68^{c}
中间锦鸡儿	0.21^{c}	0.92^{d}	0.34^{b}	2.03^{d}	2.52^{d}	0.66^{b}	160.69^{b}
小叶锦鸡儿	0.27^{b}	0.90^{d}	0.47^{a}	2.14^{d}	1.81^{e}	0.74^{a}	450.06^{b}
平均值	0.22$_{b}$	0.95$_{b}$	0.37$_{a}$	2.11$_{b}$	2.60$_{b}$	0.63$_{a}$	236.74$_{b}$

※右上角有相同字母表示不同植物之间差异不显著，有不同字母表示差异显著，右下角有相同字母表示同月两属植物平均值差异不显著，有不同字母表示差异显著（$P \leq 0.05$）

6.4.2　3种岩黄芪属植物冠层结构特征月变化研究

用CI-110冠层结构分析仪分别对3种岩黄芪属植物进行逐月直射光透过率、

散射光透过率和冠层消光系数进行测定，并计算叶面积指数和平均叶倾角，结果列于表 6-10。经统计显著性检验发现，3 种岩黄芪植物呈现一致的叶面积指数动态变化规律，即随着植物的生长发育，叶面积指数呈下降趋势，在 6 月叶面积指数达到最大值，9 月次之，7—8 月较低；散射光穿透系数同叶面积指数变动规律相反，即随着植物的生长，散射光穿透系数呈上升趋势，即 6 月最小，7 月次之，8—9 月较大。细枝岩黄芪叶面积指数变动规律是 6 月>9 月>7 月>8 月，6 月叶面积指数与其他 3 个月叶面积差异显著；散射光穿透系数 6 月<7 月<9 月<8 月，6 月与其他 3 个月差异显著，表明细枝岩黄芪 6 月枝叶生长繁茂，具较高的郁闭度。塔落岩黄芪叶面积指数变化规律 6 月>9 月>7 月>8 月，6 月与其他 3 个月差异显著，8 月与 9 月差异显著，散射光透过系数 6 月<7 月<9 月<8 月，6 月与其他月差异显著，其他月无显著差异，说明 6 月和 9 月塔落岩黄芪植株生长相对比较旺盛，郁闭度较高。山竹岩黄芪叶面积指数变化规律 6 月>9 月>7 月>8 月，6 月与其他 3 个月差异显著，散射光透过系数 6 月份<7 月<9 月<8 月，6 月与其他月差异显著，山竹岩黄芪在 6 月具较高的郁闭度。3 种岩黄芪属植物的平均叶倾角的月度变化不大，只有 9 月显著高于其他月，其余 3 个月差异不显著。3 种岩黄芪属植物均在 6 月表现出高的叶面积指数和低的散射光穿透系数，表明 3 种植物在 6 月生长发育旺盛，植株灌丛郁闭度高。

3 种岩黄芪 6 月和 8 月单株植物叶面积指数差异不显著，7 月和 9 月塔落岩黄和山竹岩黄芪之间无显著差异，但高于细枝岩黄芪，且差异显著；6 月和 8 月散射光穿透系数 3 种岩黄芪差异不显著，7 月山竹岩黄芪低于细枝岩黄芪和塔落岩黄芪，且差异显著，9 月细枝岩黄芪高于塔落岩黄芪和山竹岩黄芪，差异显著；3 种岩黄芪 6—8 月平均叶倾角差异不显著，9 月细枝岩黄芪高于其他两种岩黄芪，差异显著。综合分析以上数据，可以看到 3 种岩黄芪在 6 月均具有高的叶面积指数和低的散射光穿透系数，随着生长季节的延伸，3 种岩黄芪植物的灌丛结构发生变化，来自于西部干旱区的细枝岩黄芪以绝大部分叶片脱落的方式适应干旱，叶面积指数下降，散射光穿透系数加大，与其他 2 种岩黄芪植物差异显著；塔落岩黄芪和山竹岩黄芪植物灌丛结构变化规律同细枝岩黄芪相似，但相对叶片脱落较少，而且在适宜的环境条件下新叶片生长迅速，因而叶面积指数高于细枝岩黄芪、散射光穿透系数低于细枝岩黄芪，保持较高的生物量。

表 6-10 3 种岩黄芪植物灌丛叶面积和平均叶倾角比较

测定项目	月 份	细枝岩黄芪	塔落岩黄芪	山竹岩黄芪
叶面积指数	6	1.6419^{a}_{a}	1.5027^{a}_{a}	1.4869^{a}_{a}
	7	0.3432^{b}_{b}	0.7369^{bc}_{a}	0.6183^{b}_{a}
	8	0.3412^{b}_{b}	0.5712^{c}_{a}	0.5710^{b}_{a}
	9	0.4577^{b}_{b}	0.9738^{b}_{a}	0.7250^{b}_{a}
散射光穿透系数	6	0.2419^{c}_{a}	0.1947^{b}_{a}	0.2692^{b}_{a}
	7	0.4872^{b}_{a}	0.4215^{a}_{ab}	0.3930^{a}_{b}
	8	0.6441^{a}_{a}	0.4535^{a}_{b}	0.4968^{a}_{b}
	9	0.6389^{a}_{a}	0.4232^{a}_{b}	0.4957^{a}_{b}
平均叶倾角	6	9.5470^{b}_{a}	10.3878^{a}_{a}	9.5470^{b}_{a}
	7	9.5476^{b}_{a}	9.5470^{a}_{a}	15.8718^{b}_{a}
	8	9.5470^{b}_{a}	12.5493^{a}_{a}	9.5470^{b}_{a}
	9	65.8299^{a}_{a}	17.3785^{a}_{b}	35.7689^{a}_{b}

※右上角有相同字母表示不同种植物同月差异不显著，有不同字母表示差异显著。右下角有相同字母表示同种植物不同月之间差异不显著，有不同字母表示差异显著（$P\leq 0.05$）

6.5 平茬复壮对岩黄芪属植物生物学性状的影响

岩黄芪属植物生长数年后，生机减弱，植株衰老。在生长第 3 年老株枯亡，从根颈部又萌发出部分新枝，为使多年的植株复壮，可在秋冬季和春季对其平茬，以利更新，而繁茂的生长。

6.5.1 平茬植株与未平茬植株主要性状的对比研究

平茬是岩黄芪属植物更新复壮、防止老化、提高产量、产籽量的重要措施。为此，我们对生长 2 年的 3 种岩黄芪属植物在秋季对其进行了平茬试验。表 6-11表明，3 种岩黄芪属植物平茬植株的主要性状除新生枝条直径低于未平茬植株外，其他性状均高于未平茬植株。平茬细枝岩黄芪植株株高比未平茬植株高 15. 20cm、单株干重高 27. 89g、产量干重提高 30. 22%、基生枝条数增加 2. 67 倍、叶面积增加 125. 24%、种子产量提高 60%；平茬塔落岩黄芪植株株高比未平茬植株高 16. 70cm、单株干重增加 67. 51g、产量提高 49. 56%、基生枝条数增加 1. 56 倍、叶面积增加 22. 93%、种子产量提高 1. 28%；平茬山竹岩黄芪植株株高比未平茬植株高 19. 30cm、单株干重增加 8. 31g、产量干重提高 8. 47%、基生枝条数增加 1.5 倍、叶面积增加 22.49%、种子产量提高 18.87%。由此可见，平茬后 3 种岩黄芪属植物植株的各种性状均高于未平茬植株，特别是单株干重、产量干重及叶面积增加明显。

表 6-11　3 种岩黄芪属植物平茬与未平茬性状分析

项　目	细枝岩黄芪		塔落岩黄芪		山竹岩黄芪	
	未平茬	平　茬	未平茬	平　茬	未平茬	平　茬
株高 cm	120.20[a]	145.40[a]	116.10[a]	132.80[a]	105.60[a]	124.90[a]
单株干重（g/株）	92.43[a]	120.32[a]	121.99[a]	182.45[a]	98.74[a]	107.05[a]
产量干重（kg/hm^2）	2774.20	3612.67	3661.44	5476.18	2962.24	3213.11
茎直径（cm）	1.48[a]	1.46[a]	2.07[a]	1.94[a]	0.67[a]	0.62[a]
根直径（cm）	1.34[a]	1.64[a]	1.76[a]	1.92[a]	0.78[a]	0.95[a]
基生枝条数	3[b]	8[a]	9[b]	14[a]	7[b]	13[a]
单株叶面积（cm^2）	38.99[a]	87.82[a]	811.35[a]	997.39[a]	700.24[a]	857.69[a]
种子重（g/株）	2.25[a]	3.60[a]	18.79[a]	19.03[a]	8.27[a]	9.83[a]

※右上角有相同字母表示同种植物处理与不处理之间差异不显著，有不同字母表示差异显著（$P \leq 0.05$）

平茬不仅复壮了植株个体，提高产量，而且提高了家畜可食部分（叶+嫩茎）的产量。表 6-12 表明，平茬岩黄芪属植株 5—8 月生物量中无老茎，以叶和嫩茎为主，在 9 月由于枝条木质化，家畜不可食部分迅速增加。而未平茬的岩黄芪属植株由于有上一年残留的枯死枝条，因而 5—8 月一直有老茎存在，在 9 月家畜不可食部分达到最大值。对岩黄芪属植物适时平茬不仅可以提高其生物量，而且有效地降低了家畜不可食用部分在生物量中所占比例，提高了家畜可食用部分的比例。适宜的平茬时间应在植物生长的第 2 年，收割时间应在 8 月底以前进行。

表 6-12　3 种岩黄芪属植物平茬与未平茬年生物量分解

植　物	处　理	干重（g）	5　月	6　月	7　月	8　月	9　月
细枝岩黄芪	未平茬	叶+嫩茎	26.20	58.60	46.25	53.88	19.46
		老茎	69.53	59.37	55.97	26.24	72.97
		地上重量	95.73	117.97	102.22	80.12	92.43
	平茬	叶+嫩茎	16.13	81.90	48.52	76.61	27.72
		老茎	—	—	—	—	92.60
		地上重量	16.13	81.90	48.52	76.61	120.32

（续表）

植　物	处　理	干重（g）	5　月	6　月	7　月	8　月	9　月
塔落岩黄芪	未平茬	叶+嫩茎	35.15	61.62	43.58	63.92	34.31
		老茎	31.61	30.97	25.43	70.65	87.68
		地上重量	66.76	92.59	69.01	134.57	121.99
	平茬	叶+嫩茎	38.48	99.26	93.07	130.50	41.88
		老茎					140.56
		地上重量	38.48	99.26	93.07	130.50	182.45
山竹岩黄芪	未平茬	叶+嫩茎	14.92	95.07	69.75	54.73	22.08
		老茎	10.80	18.84	26.41	27.50	76.65
		地上重量	25.72	113.91	96.15	82.23	98.73
	平茬	叶+嫩茎	17.22	36.97	39.06	85.65	44.36
		老茎	—	—	—	—	62.29
		地上重量	17.22	36.97	39.06	85.65	107.05

6.5.2　平茬对岩黄芪植株枝条自然高度、基茎及其分布模型的影响

在平茬和未平茬的岩黄芪属植物样地分别随机抽取50条枝条测量其长度和基茎。从表6-13可以看出，平茬3种岩黄芪新生枝条生长发育十分旺盛，细枝岩黄芪当年枝条高生长平均达75.67cm，最高达140.00cm，平均基茎0.36cm，最高达0.60cm，与未平茬植株平均高度和基茎无显著差异；塔落岩黄芪当年枝条高生长平均达81.76cm，最高达129.00cm，平均基茎0.41cm，最高达0.70cm，与未平茬植株平均高度和基茎无显著差异。山竹岩黄芪当年枝条高生长平均达68.94cm，最高达118.00cm，平均基茎0.31cm，最高达0.60cm，与未平茬植株平均高度和基茎无显著差异（图6-7，图6-8）。

对3种岩黄芪属植物平茬与未平茬的枝条长度、基茎测量值作频度分布图，所得曲线进行概率分布模型拟合检验，检验结果表明，3种岩黄芪枝条长度和基茎的频度分布均可以用正态分布很好的拟合（表6-13），即样地中的多数枝条高度小于平均值，表现为曲线峰值的左偏。

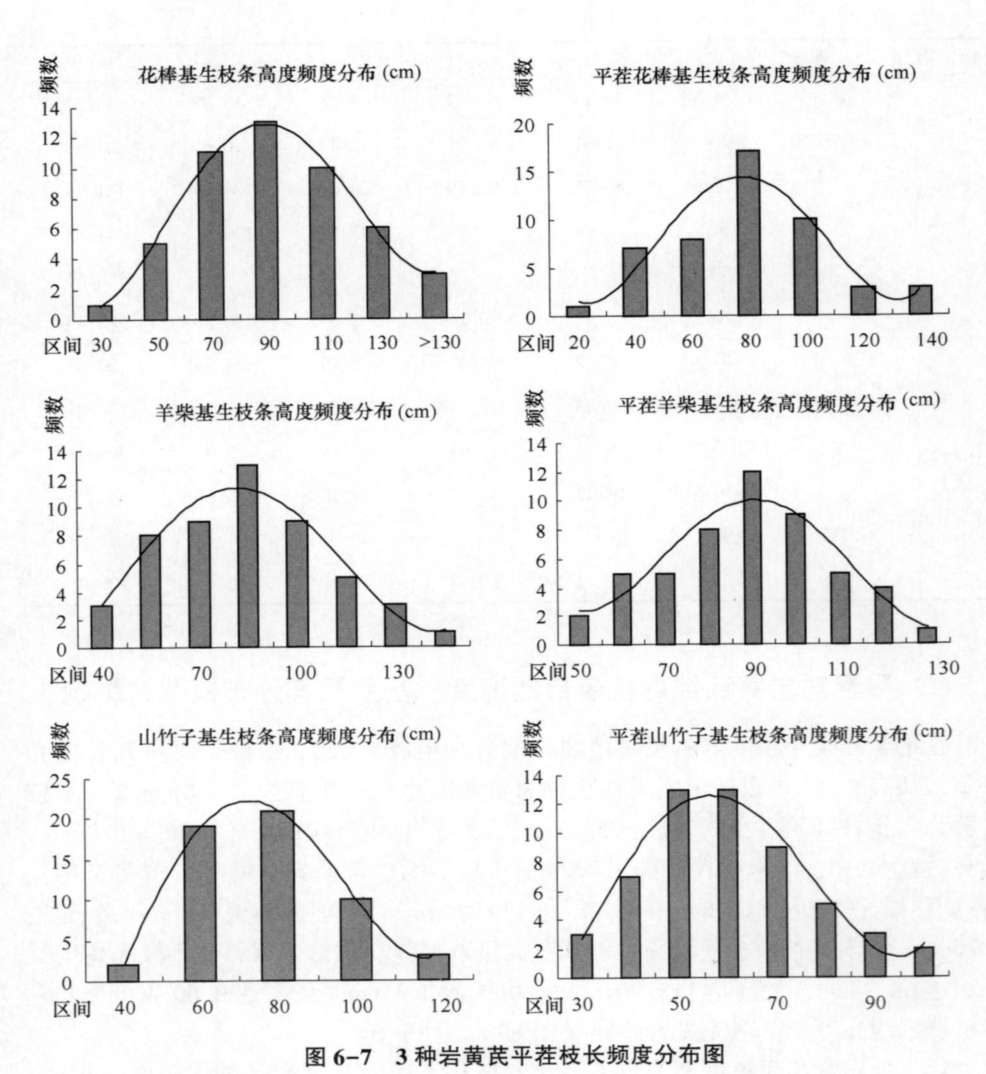

图 6-7　3 种岩黄芪平茬枝长频度分布图

6.5.3　平茬与未平茬叶片二维尺度的差异

平茬岩黄芪植株与未平茬植株叶片在二维尺度上存在着差异，表 6-14 表明平茬细枝岩黄芪叶片长平均 3.98cm，未平茬叶片长 3.43cm，两者之间差异显著，叶宽和叶长宽比两者之间无显著差异；平茬塔落岩黄芪叶片长平均 2.69cm，叶宽 0.39cm，长宽比 7.72cm，未平茬叶片长 2.73cm，叶宽 0.33cm，叶长宽比

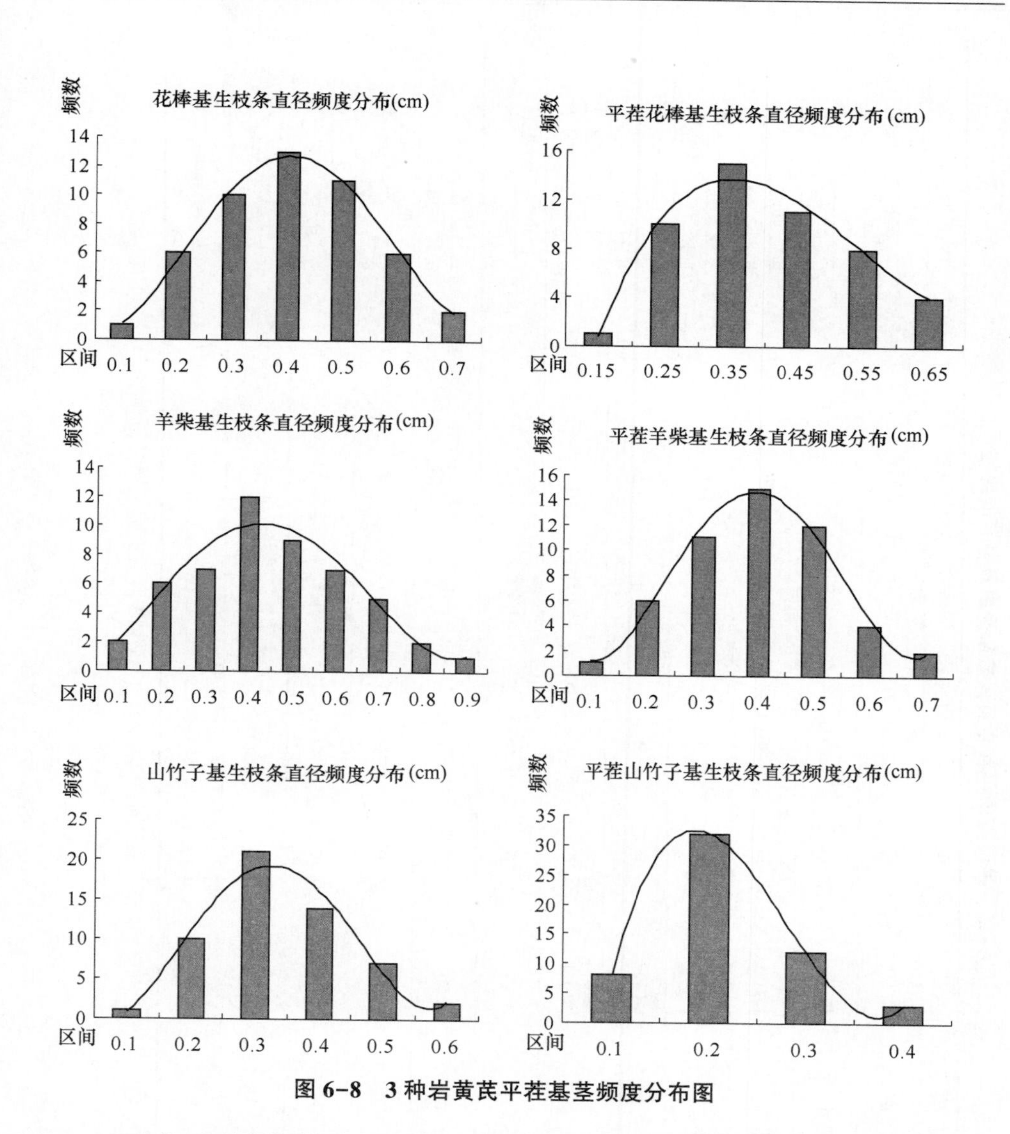

图 6-8　3种岩黄芪平茬基茎频度分布图

6.71cm，叶长两者之间差异不显著，叶宽和叶长宽比两者之间差异显著；平茬山竹岩黄芪叶长3.16cm，叶宽0.50cm，长宽比4.23cm，未平茬叶长1.99cm，叶宽0.44cm，长宽比4.17cm，叶长和叶宽两者之间差异显著，长宽比差异不显著（图6-9和图6-10）。

表 6-13　平茬与未平茬岩黄芪枝条高度及基茎的比较

项　目	植　物	处　理	最大值	最小值	平均值	标准差	变异系数	分布模型
自然高度（cm）	细枝岩黄芪	未平茬	141.00	30.00	85.61±4.21[a]	29.46	0.34	$P(x)=\frac{1}{29.46\sqrt{2\pi}}e^{\frac{(x-85.61)^2}{2\times29.46^2}}$
		平茬	140.00	20.00	75.67±4.44[a]	31.07	0.41	$P(x)=\frac{1}{31.07\sqrt{2\pi}}e^{\frac{(x-75.67)^2}{2\times31.07^2}}$
	塔落岩黄芪	未平茬	145.00	38.00	80.80±4.04[a]	28.84	0.36	$P(x)=\frac{1}{28.84\sqrt{2\pi}}e^{\frac{(x-80.8)^2}{2\times28.84^2}}$
		平茬	129.00	50.00	81.76±2.96[a]	21.16	0.26	$P(x)=\frac{1}{21.16\sqrt{2\pi}}e^{\frac{(x-81.76)^2}{2\times21.16^2}}$
	山竹岩黄芪	未平茬	120.00	40.00	69.8±4.88[a]	18.47	0.26	$P(x)=\frac{1}{18.47\sqrt{2\pi}}e^{\frac{(x-69.8)^2}{2\times18.47^2}}$
		平茬	100.00	25.00	55.13±4.85[b]	18.36	0.33	$P(x)=\frac{1}{18..36\sqrt{2\pi}}e^{\frac{(x-55.13)^2}{2\times18..36^2}}$
基茎（cm）	细枝岩黄芪	未平茬	0.80	0.10	0.40±0.02[a]	0.16	0.39	$P(x)=\frac{1}{0.16\sqrt{2\pi}}e^{\frac{(x-0.4)^2}{2\times0.16^2}}$
		平茬	0.60	0.15	0.36±0.02[a]	0.12	0.35	$P(x)=\frac{1}{0.12\sqrt{2\pi}}e^{\frac{(x-0.36)^2}{2\times0.12^2}}$
	塔落岩黄芪	未平茬	0.90	0.10	0.39±0.03[a]	0.19	0.47	$P(x)=\frac{1}{0.19\sqrt{2\pi}}e^{\frac{(x-0.39)^2}{2\times0.19^2}}$
		平茬	0.70	0.10	0.41±0.02[a]	0.15	0.37	$P(x)=\frac{1}{0.15\sqrt{2\pi}}e^{\frac{(x-0.41)^2}{2\times0.15^2}}$
	山竹岩黄芪	未平茬	0.60	0.10	0.30±0.03[a]	0.10	0.33	$P(x)=\frac{1}{0.1\sqrt{2\pi}}e^{\frac{(x-0.3)^2}{2\times0.1^2}}$
		平茬	0.40	0.10	0.21±0.02[a]	0.08	0.37	$P(x)=\frac{1}{0.08\sqrt{2\pi}}e^{\frac{(x-0.21)^2}{2\times0.08^2}}$

※表中数据以平均值±标准误表示；右上角有相同字母表示同种植物处理与不处理差异不显著，字母不同则差异显著（$P\leq0.05$）

表 6-14 岩黄芪植株平茬处理叶片长度、宽度及长宽比的比较

植 物	项 目	处 理	最大值	最小值	平均值	标准差	变异系数	分布模型
细枝岩黄芪	叶长（cm）	未平茬	4.99	1.83	3.44 ± 0.17^{b}	0.62	0.18	$P(x)=\frac{1}{0.62\sqrt{2\pi}}e^{-\frac{(x-3.44)^2}{2\times0.62^2}}$
		平茬	5.50	2.75	3.99 ± 0.19^{a}	0.68	0.17	$P(x)=\frac{1}{0.68\sqrt{2\pi}}e^{-\frac{(x-3.99)^2}{2\times0.68^2}}$
	叶宽（cm）	未平茬	0.53	0.21	0.38 ± 0.02^{a}	0.09	0.24	$P(x)=\frac{1}{0.09\sqrt{2\pi}}e^{-\frac{(x-0.38)^2}{2\times0.09^2}}$
		平茬	0.48	0.24	0.37 ± 0.01^{a}	0.05	0.14	$P(x)=\frac{1}{0.05\sqrt{2\pi}}e^{-\frac{(x-0.37)^2}{2\times0.05^2}}$
	长宽比	未平茬	18.22	3.27	9.24 ± 0.96^{a}	3.5	0.38	$P(x)=\frac{1}{3.5\sqrt{2\pi}}e^{-\frac{(x-9.24)^2}{2\times3.5}}$
		平茬	15.07	5.8	10.3 ± 0.64^{a}	2.24	0.22	$P(x)=\frac{1}{2.24\sqrt{2\pi}}e^{-\frac{(x-10.3)^2}{2\times2.24}}$
塔落岩黄芪	叶长（cm）	未平茬	3.87	1.93	2.73 ± 0.14^{a}	0.49	0.18	$P(x)=\frac{1}{0.49\sqrt{2\pi}}e^{-\frac{(x-2.73)^2}{2\times0.49^2}}$
		平茬	3.57	2.04	2.67 ± 0.11^{a}	0.38	0.14	$P(x)=\frac{1}{0.38\sqrt{2\pi}}e^{-\frac{(x-2.67)^2}{2\times0.38^2}}$
	叶宽（cm）	未平茬	0.45	0.25	0.36 ± 0.02^{b}	0.05	0.15	$P(x)=\frac{1}{0.05\sqrt{2\pi}}e^{-\frac{(x-0.36)^2}{2\times0.05^2}}$
		平茬	0.43	0.24	0.32 ± 0.01^{a}	0.04	0.12	$P(x)=\frac{1}{0.04\sqrt{2\pi}}e^{-\frac{(x-0.32)^2}{2\times0.04^2}}$
	长宽比	未平茬	10.28	4.22	6.71 ± 0.37^{b}	1.34	0.20	$P(x)=\frac{1}{1.34\sqrt{2\pi}}e^{-\frac{(x-6.71)^2}{2\times1.34^2}}$
		平茬	10.46	5.60	7.77 ± 0.32^{a}	1.14	0.15	$P(x)=\frac{1}{1.14\sqrt{2\pi}}e^{-\frac{(x-7.77)^2}{2\times1.14^2}}$

（续表）

植物	项目	处理	最大值	最小值	平均值	标准差	变异系数	分布模型
山竹岩黄芪	叶长（cm）	未平茬	3.06	1.53	2.15±0.09[b]	0.31	0.15	$P(x)=\frac{1}{0.31\sqrt{2\pi}}e^{-\frac{(x-2.15)^2}{2\times0.31}}$
		平茬	2.55	1.53	1.99±0.08[a]	0.29	0.14	$P(x)=\frac{1}{0.29\sqrt{2\pi}}e^{-\frac{(x-1.99)^2}{2\times0.29}}$
	叶宽（cm）	未平茬	0.67	0.31	0.5±0.03a	0.09	0.19	$P(x)=\frac{1}{0.09\sqrt{2\pi}}e^{-\frac{(x-0.5)^2}{2\times0.09}}$
		平茬	0.60	0.33	0.45±0.02[b]	0.07	0.16	$P(x)=\frac{1}{0.07\sqrt{2\pi}}e^{-\frac{(x-0.45)^2}{2\times0.07}}$
	长宽比	未平茬	8.00	2.60	4.18±0.29a	1.04	0.25	$P(x)=\frac{1}{1.04\sqrt{2\pi}}e^{-\frac{(x-4.18)^2}{2\times1.04}}$
		平茬	5.88	2.85	4.23±0.19a	0.67	0.16	$P(x)=\frac{1}{0.67\sqrt{2\pi}}e^{-\frac{(x-4.23)^2}{2\times0.67}}$

※表中数据以平均值±标准误表示；右上角有相同字母表示同种植物处理与未处理之间差异不显著，字母不同则差异显著（$P\leq0.05$）

表 6-15　3 种岩黄芪平茬植株与对照植株叶面积指数和平均叶倾角的比较

植物种类	处理	6月			8月		
		叶面积指数	散射光穿透系数	叶倾角	叶面积指数	散射光穿透系数	叶倾角
细枝岩黄芪	平茬	0.701[b]	0.534[a]	53.031[a]	1.199[a]	0.426[a]	51.62[a]
	未平茬	1.142[a]	0.428[b]	53.360[a]	1.032[a]	0.451[a]	56.45[a]
塔落岩黄芪	平茬	1.168[a]	0.430[a]	54.017[a]	1.432[a]	0.419[a]	61.70[a]
	未平茬	1.238[a]	0.390[a]	40.610[a]	1.149[a]	0.422[a]	63.81[a]
山竹岩黄芪	平茬	1.733[a]	0.225[a]	27.226[a]	1.324[a]	0.358[a]	39.32[b]
	未平茬	1.359[a]	0.338[a]	47.214[a]	1.185[a]	0.376[a]	55.58[a]

※右上角字母相同表示同种植物不同处理之间之间差异不显著、右上角字母不同表示同种植物之间差异显著（$P\leq0.05$）

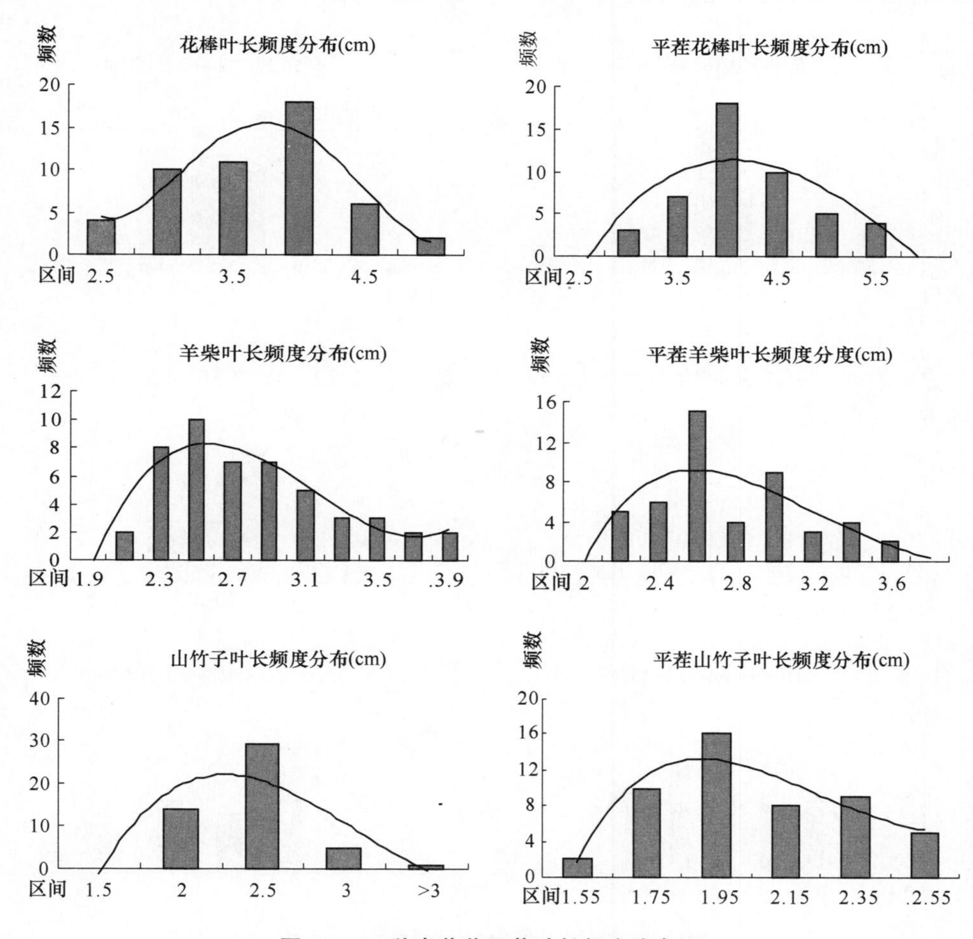

图 6-9　3种岩黄芪平茬叶长频度分布图

6.5.4　平茬处理岩黄芪属植物冠层结构特征的分异

用 CI-110 植物冠层结构分析仪分别对试验研究的 3 种岩黄芪植物平茬处理与对照样地的植株灌丛的直射光透过率、散射光透过率和冠层消光系数进行测定，并计算叶面积指数和平均叶倾角，结果列于表 6-15。6 月平茬处理细枝岩黄芪叶面积指数为 0. 701，对照为 1. 142，平茬处理低于对照，二者差异显著；平均叶倾角平茬处理 53. 031 低于对照 53. 360，但差异不显著；散射光穿透系数平茬处理 1. 199 高于对照 1. 032，二者差异显著。8 月平茬处理叶面积 1. 199，对照 1. 032，平茬处理高于对照，但二者差异不显著；平均叶倾角平茬处理 51. 62 低于对照 56. 45，二者差异不显著；散射光穿透系数平茬处理 0. 426 低于对照 0. 451，

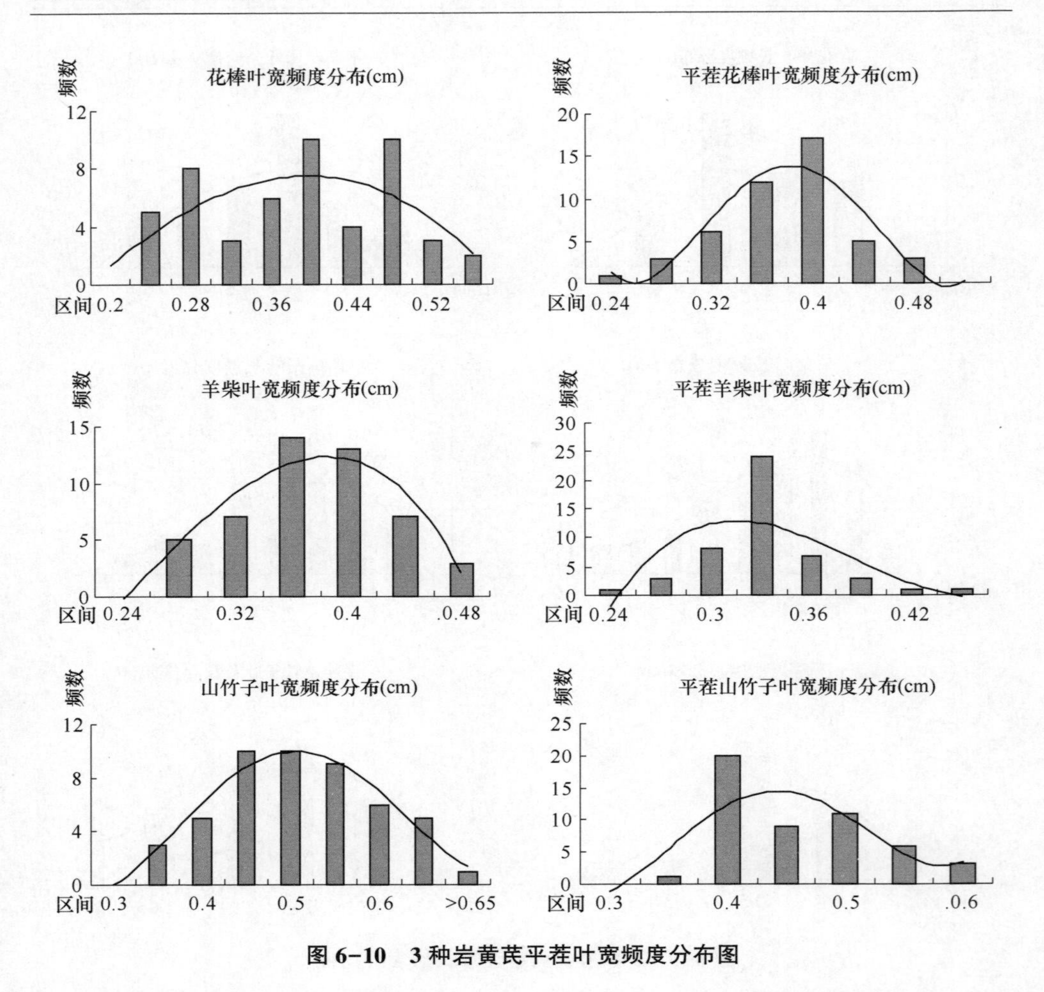

图 6-10　3 种岩黄芪平茬叶宽频度分布图

二者差异不显著。6 月平茬塔落岩黄芪叶面积指数 1.168 低于对照 1.238，但二者差异不显著；平均叶倾角平茬处理高于对照，但差异不显著；散射光穿透系数平茬处理高于对照，二者差异不显著。8 月平茬处理叶面积 1.432 高于对照 1.149，平茬处理高于对照，但二者差异不显著；平均叶倾角平茬处理低于对照，二者差异不显著；散射光穿透系数平茬处理低于对照，二者差异不显著。6 月平茬处理山竹岩黄芪叶面积指数为 1.733，对照为 1.359，平茬处理高于对照，二者差异不显著；平均叶倾角平茬处理低于对照，但差异不显著；散射光穿透系数平茬处理低于对照，二者差异不显著。8 月平茬处理叶面积 1.324，对照 1.185，平茬处理高于对照，但二者差异不显著；平均叶倾角平茬处理低于对照，二者差异不显著；散射光穿透系数平茬处理低于对照，二者差异不显著。以上结果表明，6月平茬处理细枝岩黄芪和塔落岩黄芪灌丛的叶面积指数低于对照，散射光系数高于对照，平茬处理植株繁茂程度不如对照植株；而8月则相反，平茬处理植株的叶面积指数高于对照植株，而散射光系数低于对照，说明在8月平茬处理植株的生长高于对照植株，生长更为繁茂，郁闭度更高。山竹岩黄芪平茬处理植株叶面积指数在6月和8月均高于对照植株，散射光系数低于对照，说明平茬处理对山竹岩黄芪植株的更新具有良好作用，平茬植株生长较对照更加旺盛，一直具有较高的郁闭度（图6-11）。

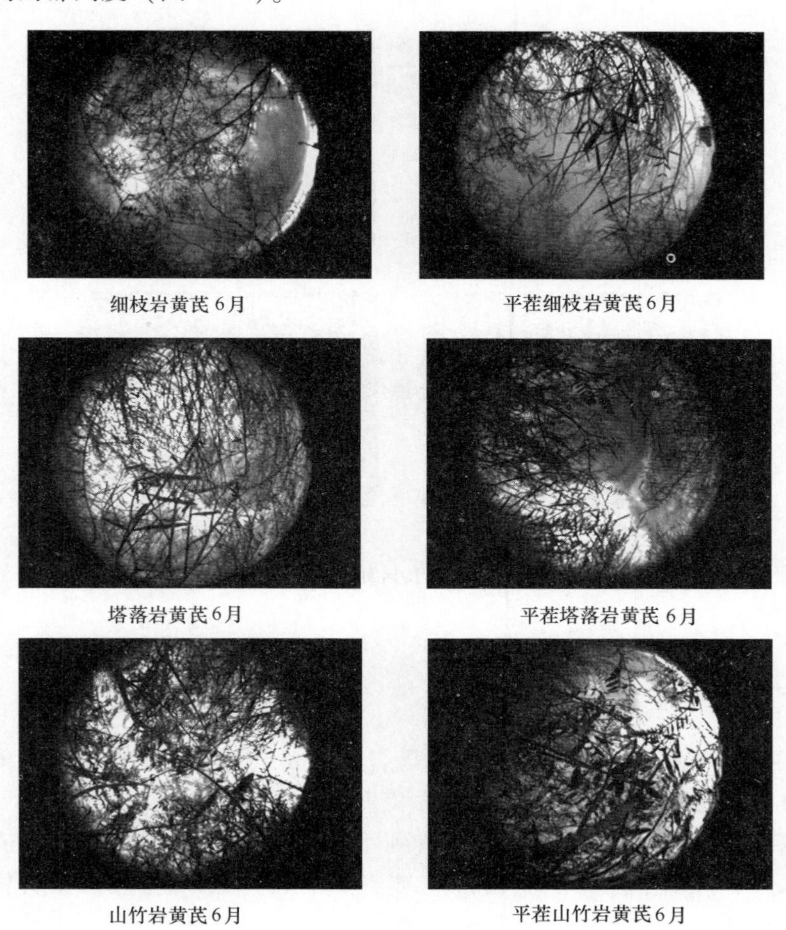

细枝岩黄芪6月　　平茬细枝岩黄芪6月

塔落岩黄芪6月　　平茬塔落岩黄芪6月

山竹岩黄芪6月　　平茬山竹岩黄芪6月

图6-11　3种岩黄芪6月和8月冠丛结构（一）

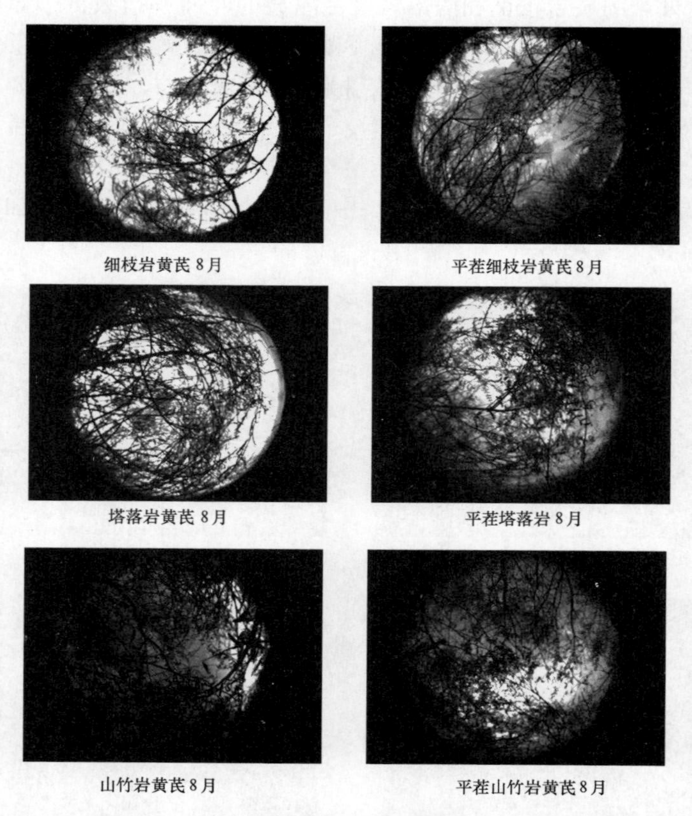

图 6-11　3 种岩黄芪 6 月和 8 月冠丛结构（二）

6.6　小　结

① 山竹岩黄芪、小叶锦鸡儿，塔落岩黄芪、中间锦鸡儿、细枝岩黄芪、柠条锦鸡儿分别是科尔沁沙地、毛乌素沙漠和腾格里沙漠东南缘的主要建群灌木，在生产和生态治理中被广泛应用，引种到库布齐沙漠东缘后能够很好地适应当地的环境条件，可以作为当地旱作人工、半人工草地和飞播的主要种质材料，在当地大规模应用。

② 6 种固沙植物均具有较强的抵御严酷的沙区环境的特性，但在生长速率上岩黄芪属植物显著高于锦鸡儿属植物，生长 3 年的岩黄芪属植物平均高 126cm，锦鸡儿属植物高为 65cm，岩黄芪属植物高于锦鸡儿属植物 61cm。生长 2 年的岩黄芪属植物的生长速率是 0.70cm/d，锦鸡儿属植物是 0.27cm/d，岩黄芪属植物

是锦鸡儿属植物的2.59倍。通过3年的研究证明，岩黄芪属植物的生长速度显著高于锦鸡儿属植物，因而，岩黄芪属植物较锦鸡儿属植物能更早、更好地起到防风固沙的作用。

③ 由于岩黄芪属植物生长速度快，因此生物量积累迅速，生长2年的岩黄芪属植物单株干重平均为41.17g，产量鲜重为3723.61kg/hm^2，产量干重为2158.52kg/hm^2，锦鸡儿属植物单株干重为7.09g，产量鲜重为971.12kg/hm^2，产量干重351.87kg/hm^2，岩黄芪属植物单株干重、产量鲜重、产量干重是锦鸡儿属植物的5.8倍、3.83倍、6.13倍。生长3年的岩黄芪属植物单株干重平均为104.38g，产量鲜重为4757.86kg/hm^2，产量干重为3132.63kg/hm^2，锦鸡儿属植物单株干重为14.23g，产量鲜重为1175.48kg/hm^2，产量干重703.88kg/hm^2，岩黄芪属植物单株干重、产量鲜重、产量干重是锦鸡儿属植物的7.3倍、4.05倍、4.45倍。生物量的快速积累不仅为家畜提供了放牧利用的饲草，亦成为家畜过冬度春补饲的主要饲草，而且解决了牧民的薪柴问题，减轻了过牧和乱樵对环境的破坏，具有良好的生态效益和经济效益。

④ 灌木、半灌木生长年限较长，在其幼龄时期可供家畜采食的幼嫩枝条较多，而随着其年龄的增长，可供家畜采食的幼嫩枝条所占比例逐渐下降。生长2年的岩黄芪属植物8月木质化枝条占总生物量干重的53.82%，生长3年的木质化枝条占总生物量的78.77%。生长3年的岩黄芪属植物的生物量季节变化是细枝岩黄芪、山竹岩黄芪在6月底达到1年的产量最高值3541.20kg/hm^2、3370.22kg/hm^2，塔落岩黄芪的最高产量出现在8月达4028.60kg/hm^2。因此适宜的收获季节因应在6月底到7月中旬进行。

⑤ 岩黄芪属植物均为根蘖型植物，主根发达，向下垂直生长，侧根水平发育，向下产生不定根，向上形成枝条。生长第1年主要进行地下部分生长，根长和根干重均超过地上部分；生长第2年，根长超过株高，但地下部分干重低于地上部分，生长3年的情况同2年一致。3种岩黄芪之间也存在差异，生长1~2年的植株根系重量塔落岩黄芪显著高于细枝岩黄芪和山竹岩黄芪，生长3年3种岩黄芪之间差异不显著。根系在空间上的分布呈到金字塔形，根系主要集中在0~60cm土层内，约占总根系重量的65.86%，0~30cm占44.42%；0~30cm根系的重量与其他层差异显著。根直径同根系重量的空间变化相似，即随着土层深度的增加，根直径递减。侧根分布在100cm土层以内，以10~40cm土层内数量居多，占侧根数的45.87%。主根在生长第3年达150~230cm。岩黄芪属植物的根系生长发育及分布特点反映了该属植物对沙区环境的适应性，主根发达，深入地下，可以得到充足的地下水维持其生命过程，侧根多集中在10~40cm，有利于吸收季节性天然降雨、渗漏水，对维持其生长起重要作用，因而在沙区表现出较强的抗

旱性。

⑥ 叶片不仅是植物重要的光合作用器官，而且植物叶片的形状要素也反映了植物对环境变化的适应特性。6 种固沙植物的单片叶面积较小，植物生长初期的 5 月底，岩黄芪属植物单株叶面积平均为 94.69cm^2，锦鸡儿属植物平均为 87.72cm^2，两属植物差值为 6.97cm^2，岩黄芪属植物高于锦鸡儿属植物，但差异不显著。经过 6—7 月干旱少雨炎热的夏季，植物在 8 月进入生长旺盛期，由于固沙植物对沙地环境的高度适应性，6 种固沙植物在炎热干旱季节均以叶片脱落的方式减少蒸腾，躲避干旱，岩黄芪属植物由于单片叶面积大，蒸腾量大，因而在干旱季节大部分叶片脱落，8 月以新生叶片为主，锦鸡儿属植物单片叶面积小，蒸腾量小，8 月仍以老叶片为主。8 月岩黄芪属植物平均单株叶面积平均为 521.67cm^2 高于锦鸡儿属植物单株叶面积平均值 236.74cm^2，而且两属植物之间差异显著。

5 月单株叶面积塔落岩黄芪 80.33cm^2 <细枝岩黄芪 94.85cm^2 <山竹岩黄芪 108.89cm^2，山竹岩黄芪与塔落岩黄芪差异显著，塔落岩黄芪与细枝岩黄芪差异不显著；8 月单株叶面积细枝岩黄芪 61.57cm^2<山竹岩黄芪 439.59cm^2<塔落岩黄芪 1070.59cm^2 ，3 种植物差异显著。细枝岩黄芪来自于试验区以西的荒漠干旱区，为了适应当地干旱的生态环境，在干旱季节以大部分叶片脱落来躲避干旱，到 8 月单株叶面积最小；山竹岩黄芪来自于东北，在 5 月环境较好季节，植物生长发育较快，在 5 月单株叶面积最大，但为了躲避干旱，在干旱季节，部分叶片脱落，在 8 月单株叶面积虽有大幅度增加，但仍然低于塔落岩黄芪，塔落岩黄芪为当地品种，对当地环境有高度的适应性，虽然有一定数量的叶片脱落，但植物生长旺盛，在 8 月单株叶面积达到最大值。

⑦ 3 种岩黄芪在 6 月均具有高的叶面积指数和低的散射光穿透系数，随着生长季节的延伸，3 种岩黄芪植物的灌丛结构发生变化，来自于西部干旱区的细枝岩黄芪以绝大部分叶片脱落的方式适应干旱，叶面积指数下降，散射光穿透系数加大，与其他 2 种岩黄芪植物差异显著；塔落岩黄芪和山竹岩黄芪植物灌丛结构变化规律同细枝岩黄芪相似，但相对叶片脱落较少，而且在适宜的环境条件下新叶片生长迅速，因而叶面积指数高于细枝岩黄芪、散射光穿透系数低于细枝岩黄芪，保持较高的生物量。

⑧ 平茬岩黄芪植株株高与未平茬植株株高、单株干重、产量干重、叶面积、种子产量等方面无显著差异。但平茬植株基生枝条数比未平茬植株增加 1.91 倍、平茬处理与未平茬差异显著。平茬提高了家畜可食部分（叶+嫩茎）的产量，平茬岩黄芪属植株 5—8 月生物量中无老茎（木质化部分），以叶和嫩茎为主，而未平茬的岩黄芪属植株由于有上一年残留的枯死枝条，因而 5—8 月一直有老茎存

在，在9月家畜不可食部分达到最大值，不可食部分达77.79%。因此适宜的平茬时间应在植物生长的第2年，收割时间应在8月底以前进行。

⑨ 平茬3种岩黄芪新生枝条生长发育十分旺盛，当年枝条平均高度达75.46cm，最高达129.00cm，平均基茎0.36cm，平均最高达0.63cm，与未平茬植株平均高度和基茎无显著差异。3种岩黄芪枝条长度和基茎的频度分布均可以用正态分布很好的拟合，即样地中的多数枝条高度和基茎小于平均值，表现为曲线峰值的左偏。

⑩ 6月平茬处理细枝岩黄芪和塔落岩黄芪灌丛的叶面积指数低于对照，散射光系数高于对照，平茬处理植株繁茂程度不如对照植株；而8月则相反，平茬处理植株的叶面积指数高于对照植株，而散射光系数低于对照，说明在8月平茬处理植株的生长高于对照植株，生长更为繁茂，郁闭度更高。山竹岩黄芪平茬处理植株叶面积指数在6月和8月均高于对照植株，散射光系数低于对照，说明平茬处理对山竹岩黄芪植株的更新具有良好作用，平茬植株生长较对照更加旺盛，一直具有较高的郁闭度。

7 岩黄芪属植物生理生态学研究

干旱是世界农业所面临的最严重的问题之一，据统计，世界干旱、半干旱地区占陆地面积的1/3，我国干旱、半干旱地区约占国土面积的50%，尤其是我国的广大北方草原地区，生态环境脆弱，干旱化、沙漠化日益加剧，已经成为我国面临的重大环境问题，也是我国“西部大开发”战略实施面临的关键制约因素[110-113]。固沙植物是在极端干旱、贫瘠、强风沙流等条件下生长发育的一些植物种类，它们不仅具有较强的抗逆能力，而且在其脆弱生态系统稳定性的维护和受损生态系统的恢复与重建中起着重要作用[112]。植物适应环境特征的研究即植物生理生态学的研究对于阐明植物适应逆境的生理生态机制，寻找植物新的抗逆途径，从而对开发优良种质资源、育种、生态恢复以及抗旱性能评价等都具有重要意义[114-117]。

7.1 植物水分生理

水分不仅是植物的重要组成部分，同时也是植物体内物质的溶剂和一些生理生化反应的原料[118]。因此植物的水分特征是旱生植物抗逆性的一个重要组成部分。对于植物水分特征的研究主要集中在植物水势、持水力、水分相对亏缺和束缚水含量等方面。一般认为，旱生植物具束缚水含量较高，束缚水/自由水值高，持水力强和水势极低等特征。近年来，对植物水势研究的报道较多，认为植物的低水势是其适应干旱的一种重要形式。Liu 等通过内蒙古沙地 104 种植物叶渗透势的研究发现，从湿地到固定沙地，植物水势依次降低，其中超旱生植物小叶锦鸡儿叶水势可低达-6. 54MPa[119]。Jay 指出，旱生植物柽柳小枝的水势从清晨的-0. 9MPa 降低到中午的-2. 6MPa，到下午才得到缓解，说明柽柳能通过维持极低的水势来适应干旱[120]；曾凡江等人也有类似的报道[121-122]。

7. 1. 1 岩黄芪属植物叶片持水力的变化

叶片持水力可以说明植物组织抗脱水的能力，是很重要的抗旱指标，对植物的抗旱性有重要意义，通常用叶片失水速率及叶片失水达到恒重时间来表示。图 7-1 可以看出，3 种岩黄芪 24h 的失水率季节性变化与生长季节的气温变化一致，即5—9月失水率呈现低—高—低的变化趋势，5月失水率较低，6—7月失水率升高，8—9月失水率降低。3种岩黄芪5—9月失水率均呈现塔落岩黄芪>山竹岩黄芪>细枝岩黄芪。从失水率年平均值排序，细枝岩黄芪失水率62.34%<山竹岩黄芪65.67%<塔落岩黄芪69.67%，即植物持水力细枝岩黄芪>山竹岩黄芪>塔落岩黄芪，但3种岩黄芪持水力差异不显著（$P \leq 0.05$）。

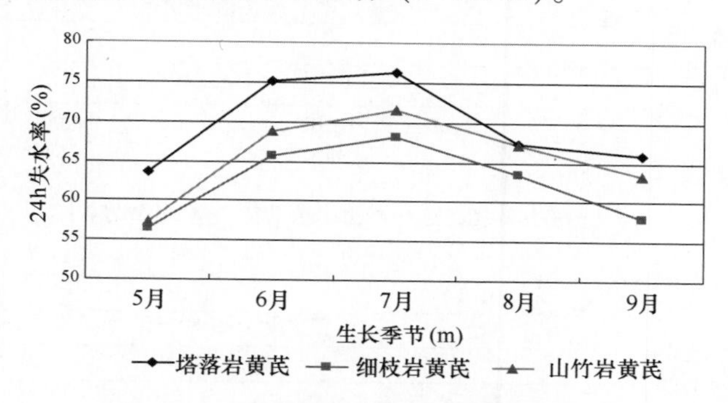

图7-1 3种岩黄芪24h失水率季节变化

植物叶片的失水率及含水量不仅随着季节发生变化，而且同一种植物的失水率和含水量在日进程中也发生着变化。植物体的水分状况在黎明和黄昏前最好，日出后由于蒸腾失水大于根系吸水，叶片水分亏缺增大，叶片失水率降低，图7-2说明，3种岩黄芪叶片含水量呈现高—低—高的变化趋势，7：00和19：00时间段含水量最高，13：00—16：00最低；失水率也是呈现高—低—高的变化趋势，既7：00和19：00叶片失水率最高，13：00—16：00最低。

7.1.2 植物叶片的束缚水/自由水变化

Richard曾经利用PV技术证明植物体内存在着自由水和束缚水，并用来阐明植物的干旱适应性。一般认为，在评价植物抗旱性时，通常认为叶内束缚水含量越高，束缚水/自由水比值越大，抗旱性越强。由图7-3可见，3种岩黄芪均具有较高的束缚水/自由水比值，生长季节束缚水/自由水年平均值，细枝岩黄芪2.833>塔落岩黄芪2.031>山竹岩黄芪1.973，但3种岩黄芪之间差异不显著。从季节性变化看，5月和7月束缚水/自由水的比值较低，6月、8月和9月的比值较高。5月研究地区气温开始回升，土壤含水量高，环境适应植物的生长，因而束缚水/自由水值低，7月是雨季，天然降水的增加缓解了大气的干燥和土壤表层的干旱，束缚水/自由水值降低。6月和8月气候干燥，湿度降低，温度增加，土壤干旱，植物生存环境恶劣，植物为适应环境的胁迫而采取相应的生理反应，束缚水/自由水升高，9月植物进入生长后期，叶片老化，叶片含水量降低，自

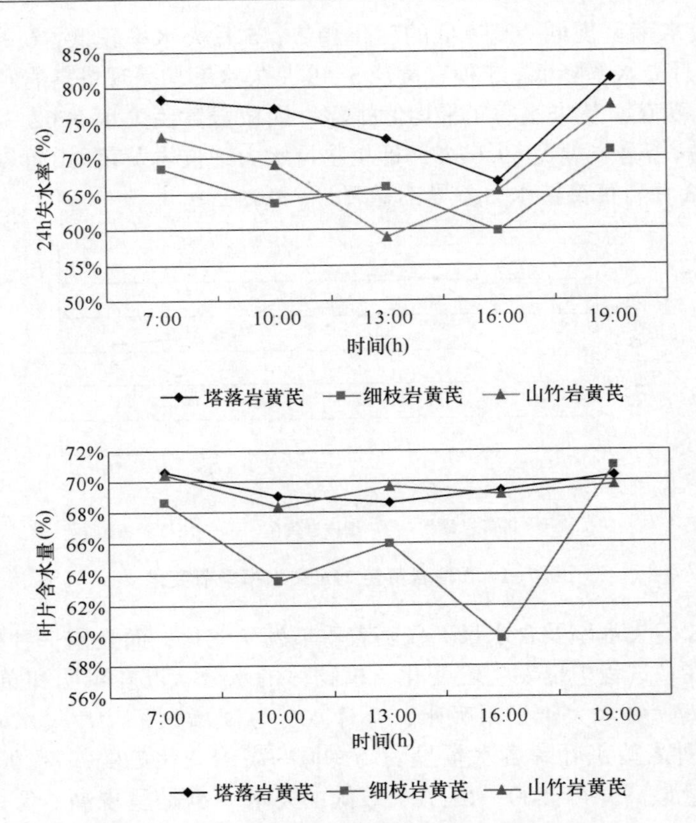

图 7-2　3 种岩黄芪叶片含水量及失水率日变化

由水含量少，束缚水/自由水值增大。显著性检验表明，塔落岩黄芪和山竹岩黄芪6月、8月和9月与5月和7月束缚水/自由水值差异显著，细枝岩黄芪9月与5月和7月差异显著，其他月差异不显著。

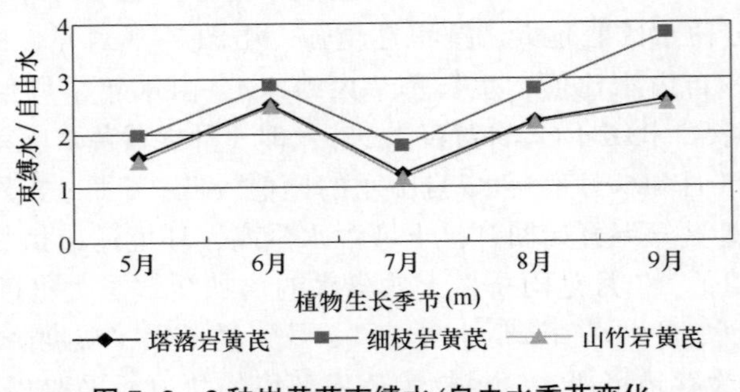

图 7-3　3 种岩黄芪束缚水/自由水季节变化

束缚水/自由水的日进程研究表明（图 7-4），束缚水/自由水比值的日进程也存在着较大的变化。在 6 月高温干旱季节，植物受水分胁迫的影响，3 种岩黄芪均维持较高的束缚水/自由水值，日平均束缚水/自由水值，细枝岩黄芪 2.883>塔落岩黄芪 2.513>山竹岩黄芪 2.492。3 种岩黄芪束缚水/自由水的日进程变化曲线也不尽相同，细枝岩黄芪以 7：00 和 19：00 比值最高，且与其他时段差异显著；塔落岩黄芪以 7：00 和 13：00 比值最高，且与其他时段差异显著；山竹岩黄芪 19：00 与其他时段差异显著，10：00 与 13：00 差异显著。7 月进入雨季，植物水分胁迫降低，植物束缚水/自由水比值也随之降低，日平均束缚水/自由水值，细枝岩黄芪 1.737>塔落岩黄芪 1.250>山竹岩黄芪 1.247，与 6 月相比，束缚水/自由水比值差异显著。7 月，3 种岩黄芪的束缚水/自由水最大值出现在 13：00—16：00 时间，对比 6 月和 7 月，3 种植物岩黄芪束缚水/自由水日进程和日平均值可以看到岩黄芪属植物对沙地环境的高度适应性，干旱高温季节，日平均束缚水/自由水比值提高，而且黎明和黄昏也保持高的束缚水/自由水比值；在 7 月降雨季节，日平均束缚水/自由水明显降低，而且最高比值出现在 13：00—16：00。

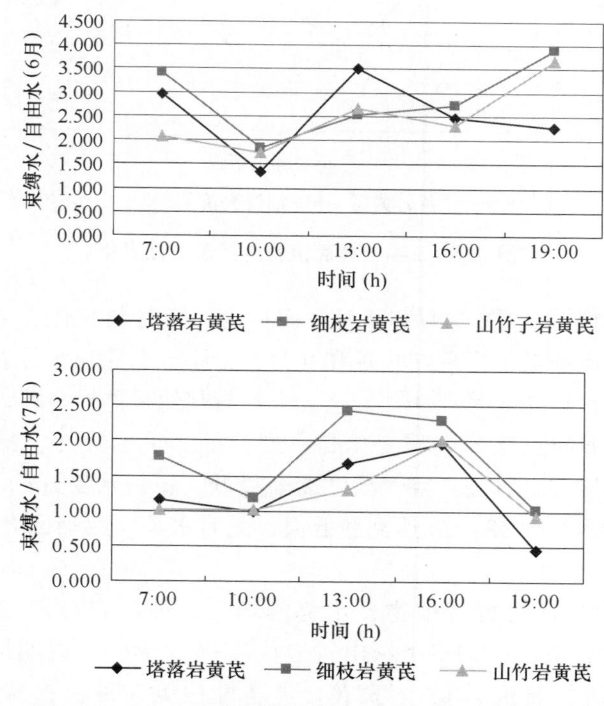

图 7-4　3 种岩黄芪不同月束缚水/自由水日进程变化

7.1.3 植物水势的变化

水势是植物水分状况的重要指标之一，它的高低表明植物从土壤或相邻细胞中吸收水分以确保其进行正常的生理活动，清晨水势可以反映植物水分的恢复状况，从而可以用来判断植物水分亏缺的程度[125]。Sobrado 等[126]认为受到水分胁迫的植物，其清晨水势会发生明显的下降。3 种岩黄芪水势研究表明，岩黄芪属植物均具有较低的植物水势，抗旱能力较强，年平均植物水势，细枝岩黄芪-4.02MPa<塔落岩黄芪-3.48MPa<山竹岩黄芪-3.26MPa，显著性检验，3 种岩黄芪年平均水势差异不显著。从植物生长季节分析，3 种岩黄芪水势呈现到单峰形，水势最低值均出现在高温、干旱的 6 月（图 7-5）。细枝岩黄芪相比水势较

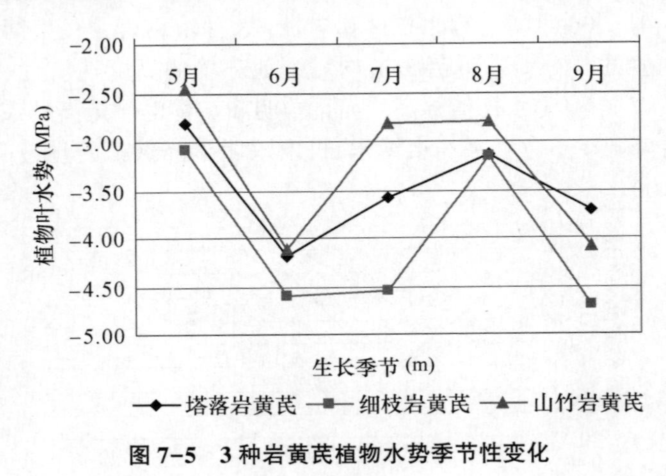

图 7-5　3 种岩黄芪植物水势季节性变化

低，水势低值出现在 6 月、7 月和 9 月，而且这 3 个月与其他 2 个月之间差异显著；塔落岩黄芪水势低值出现在 6 月和 9 月，6 月与 5 月和 8 月差异显著；山竹岩黄芪水势低值出现在 6 月和 9 月，这 2 个月与其他月差异显著。

3 种岩黄芪植物水势日进程变化是有规律的，呈单峰形，黎明植物水势较高，随着空气温度逐渐升高，空气湿度逐渐降低，植物水势开始下降，6 月高温干旱季节，植物水势在 13：00 达到最低值，此后水势又逐渐回升，到 17：00 达到较高值（图 7-6）。

图 7-7 表示 3 种岩黄芪植物日水势的均值，细枝岩黄芪的日均值最低为-4.59MPa<塔落岩黄芪-4.18MPa<山竹岩黄芪-4.12MPa，说明抗旱能力排序是细枝岩黄芪>塔落岩黄芪>山竹岩黄芪。显著性检验 3 种植物差异不显著（$P<0.05$）。

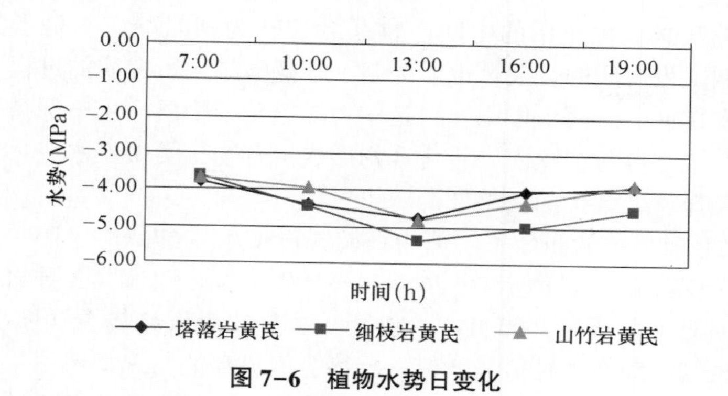

图 7-6　植物水势日变化

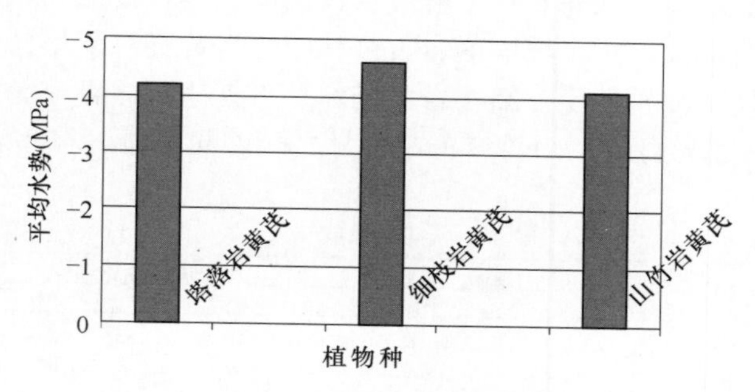

图 7-7　植物水势日均值

7.2　叶渗透调节的变化

渗透调节是植物在水分胁迫下降低渗透势，抵抗逆境胁迫的一种重要方式，它主要通过植物主动积累溶质来降低渗透势，从而降低水势，从外界继续吸水，维持膨压等生理过程。植物在遭受干旱胁迫时，通常累积的渗透调节物质主要分为无机离子和有机溶质两大类。前者主要包括 K、Na 和 Ca 等；后者主要有脯氨酸、可溶性糖和甜菜碱等，关于它们对植物渗透调节以及抵御干旱逆境所起的作用，国内外学者做了大量工作[49-50,118-119]。

7.2.1　叶片脯氨酸含量变化

脯氨酸是最重要的有效有机渗透调节物质。几乎所有的逆境都会造成植物体内脯氨酸的累积，尤其是干旱胁迫时脯氨酸累积最多，可以比处理开始时含量高十几倍。

在逆境下脯氨酸累积的原因有三，一是脯氨酸合成力强；二是脯氨酸氧化作用受抑，且脯氨酸氧化作用的中间产物还会逆转为脯氨酸；三是蛋白质合成减弱，干旱抑制了蛋白质的合成。也就抑制了脯氨酸掺入蛋白质的过程。

脯氨酸在抗逆中有两个作用，一是作为渗透调节物质，用来保持原生质与环境的渗透平衡，它可与细胞内一些化合物形成聚合物，类似亲水胶体，以防止水分散失；二是保持膜结构的完整性[127]。

3 种岩黄芪脯氨酸含量年平均值为细枝岩黄芪 96. 469μg/g · DW>塔落岩黄芪 90. 448μg/g · DW>山竹岩黄芪 76. 766μg/g · DW，显著性检验 3 种岩黄芪脯氨酸含量年均值差异不显著（$P<0.05$）。脯氨酸季节性变化趋势看（图 7-8），3 种岩黄芪均呈现脯氨酸在 7 月达最低值的趋势，但最高值出现却不尽一致，细枝岩黄芪脯氨酸含量最高值出现在 6 月，塔落岩黄芪和山竹岩黄芪脯氨酸含量最高值出现在 5 月，说明细枝岩黄芪较塔落岩黄芪和山竹岩黄芪对干旱胁迫迟缓，脯氨酸累积滞后于其他 2 种岩黄芪，细枝岩黄芪 6 月于其他月差异显著，塔落岩黄芪 7 月于 5 月和 9 月差异显著，山竹岩黄芪各月之间差异不显著（$P<0.05$）。

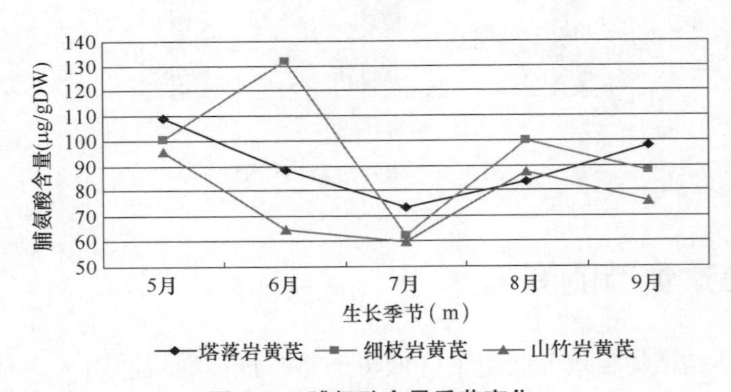

图 7-8　脯氨酸含量季节变化

脯氨酸含量日进程变化看，3 种岩黄芪脯氨酸含量日均值是细枝岩黄芪 131. 852μg/g · DW>塔岩黄芪 88. 407μg/g · DW>山竹岩黄芪 64. 795μg/g · DW（图 7-9），显著性检验表明，细枝岩黄芪与塔落岩黄芪和山竹岩黄芪差异显著，塔落岩黄芪和山竹岩黄芪之间差异不显著（$P<0.05$）。3 种岩黄芪脯氨酸含量日变化趋势（图 7-10），3 种岩黄芪脯氨酸含量的累积是一个逐渐积累的过程，呈单峰形，均在 16：00 时段内达到一天的最大值，细枝岩黄芪脯氨酸含量达174. 091μg/g · DW，塔落岩黄芪 111. 467μg/g · DW，山竹岩黄芪 72. 425 μg/g · DW。

7. 2. 2　可溶性糖含量变化

可溶性糖是另一类渗透调节物质，包括蔗糖、葡萄糖、果糖和半乳糖等，在

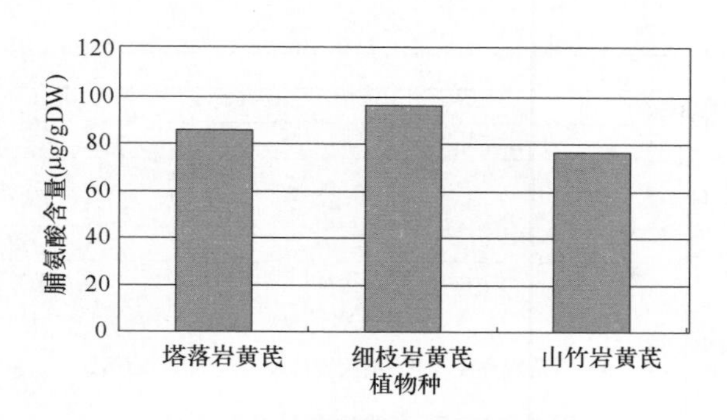

图 7-9　脯氨酸日平均值含量变化

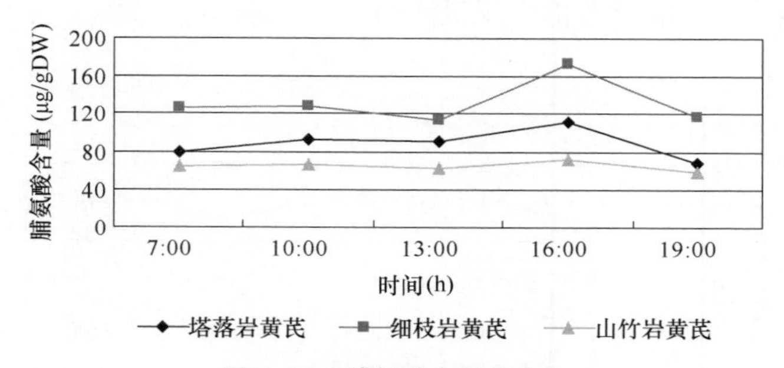

图 7-10　脯氨酸含量日变化

逆境下植物体内常常积累大量的可溶性糖。这种物质使植物细胞内有较高的黏性与弹性，通过黏性来提高细胞保水能力，同时弹性增高又可防止细胞失水对机械组织的损伤。3 种岩黄芪可溶性糖年均值为山竹岩黄芪 14. 772mg/g · DW>塔落岩黄芪 12. 964mg/g · DW>细枝岩黄芪 12. 344mg/g · DW，山竹岩黄芪与细枝岩黄芪差异显著（$P<0.05$）。3 种岩黄芪季节性可溶性糖含量的变化趋势也呈现单峰形，即 6 月为可溶性糖最高值，7 月为最低值，细枝岩黄芪 6 月可溶性糖 13. 705mg/g · DW>7 月 10. 065mg/g · DW；塔落岩黄芪 6 月 14. 316mg/g · DW>7 月 10. 716mg/g · DW；山竹岩黄芪 6 月 16. 677mg/g · DW>7 月 13. 428 mg/g · DW；3 种可溶性糖含量 6 月与 7 月差异显著（图 7-11）。

植物可溶性糖含量日变化平均值与年均值相似，即山竹岩黄芪 14. 396mg/g · DW>塔落岩黄芪 13. 316mg/g · DW>细枝岩黄芪 12. 105mg/g · DW，但它们之间差异不显著。3 种岩黄芪可溶性糖含量日变化基本一致，即都为单峰形，随着气温的升高，可溶性糖含量增加，随着气温的下降，可溶性糖含量降低。细枝岩黄芪和塔落岩黄芪可溶性糖含量在 10：00—13：00 时段内较高，山竹岩黄芪在 13：00—16：00 时段内较高（图 7-12）。山竹岩黄芪是来自于东北

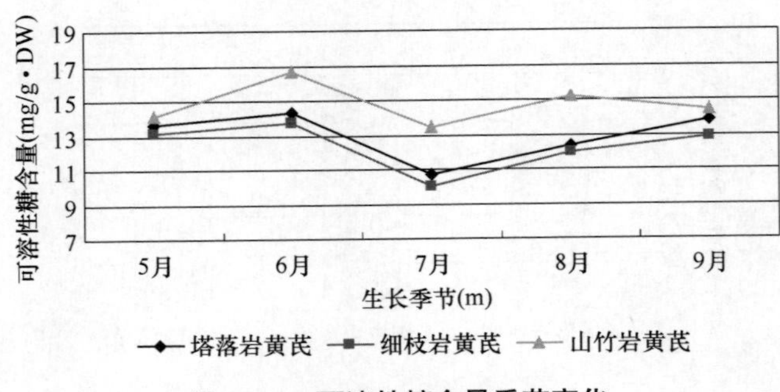

图 7-11 可溶性糖含量季节变化

的一个植物种，为了应对西部干旱区水分干旱的胁迫，保持了较高的可溶性糖含量。

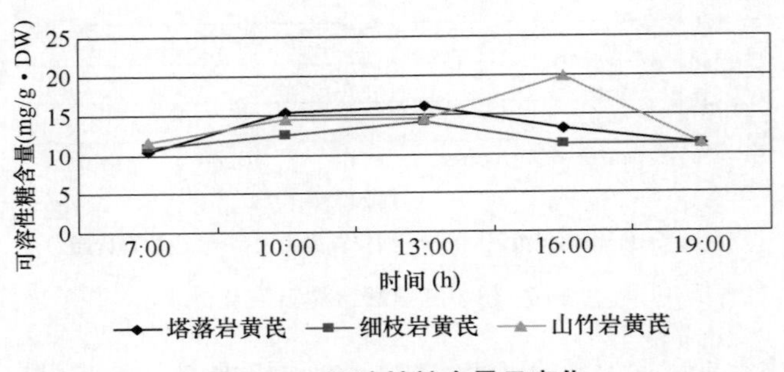

图 7-12 可溶性糖含量日变化

7.2.3 丙二醛含量的变化

植物器官衰老或在逆境遭受伤害，往往发生膜脂过氧化作用，丙二醛（MDA）是膜脂过氧化作用的最终分解产物，其含量可以反映植物遭受逆境伤害的程度。图7-13表明，3种岩黄芪丙二醛年平均值为细枝岩黄芪85.294μmol/g·DW>山竹岩黄芪70.894μmol/g·DW>塔落岩黄芪65.041 μmol/g·DW，但3种植物之间差异不显著（$P<0.05$）。丙二醛含量季节变化的曲线也呈单峰形，既6月达到最大含量，细枝岩黄芪6月丙二醛含量达180.634μmol/g·DW，与其他月差异极显著（$P<0.01$），5月与其他月差异显著，7、8、9月之间差异不显著；塔落岩黄芪6月丙二醛含量达109.659 μmol/g·DW，6月与5月差异不显著，但与其他月差异极显著（$P<0.01$）；山竹岩黄芪6月丙二醛含量148.223μmol/g·DW，与其他月差异极显著（$P<0.01$），5月与7、8、9月差异极显著（$P<0.01$）。

3种岩黄芪丙二醛含量月平均值均呈现6月与7月差异显著，分析6月和7

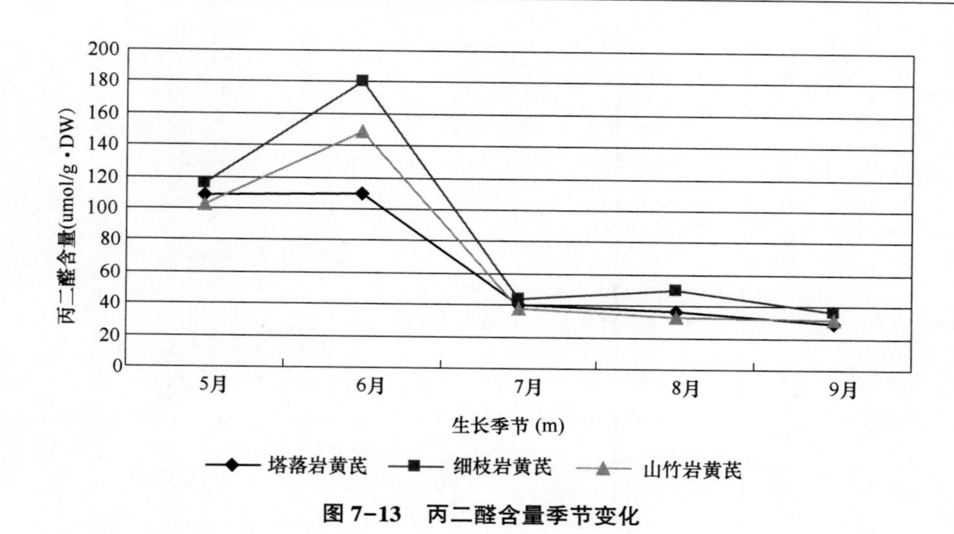

图 7-13　丙二醛含量季节变化

月丙二醛含量日进程变化，图 7-14 可以看到，6 月丙二醛含量均在 100μmol/g · DW以上，7 月均在 100μmol/g · DW 以下。3 种岩黄芪 6 月均有一个峰值出现在 10：00，但丙二醛含量日变化曲线表现不一致，细枝岩黄芪和山竹岩黄芪丙二醛含量日变化曲线幅度较大，在 10：00 时段出现一个明显的峰值，塔落岩黄芪日变化曲线则比较平缓，没有一个明显的峰值。3 种岩黄芪丙二醛含量日均值为细枝岩黄芪 180. 634μmol/g · DW>山竹岩黄芪 148. 223μmol/g · DW>塔落岩黄芪 108. 523μmol/g · DW，且它们之间差异显著（$P<0.05$）。3 种岩黄芪 7 月丙二醛含量日变化曲线平缓，没有一个明显的峰值，丙二醛日均值排序为细枝岩黄芪 86. 868μmol/g · DW>塔落岩黄芪 80. 542μmol/g · DW>山竹岩黄芪 76. 470 μmol/g · DW，细枝岩黄芪与山竹岩黄芪差异显著（$P<0.05$），塔落岩黄芪与其他两种岩黄芪无显著差异。以上分析可知，在逆境下 3 种岩黄芪丙二醛含量增大，在胁迫减轻时，植物的丙二醛含量迅速下降；来自东北的山竹岩黄芪在西部干旱的逆境条件下，丙二醛含量积累加快，丙二醛含量超过了当地种塔落岩黄芪，在干旱胁迫解除后，丙二醛含量急剧下降，低于塔落岩黄芪。

7.3　叶绿素含量变化

3 种岩黄芪叶绿素 a 年均值山竹岩黄芪 1. 506mg/g · DW>塔落岩黄芪 1. 436mg/g · DW>细枝岩黄芪 1. 152mg/g · DW；叶绿素 b 年均值山竹岩黄芪 0. 422mg/g · DW>塔落岩黄芪 0. 394mg/g · DW>细枝岩黄芪 0. 327mg/g · DW；叶绿素总量年均值山竹岩黄芪 1. 927mg/g · DW>塔落岩黄芪 1. 830mg/g · DW>细枝

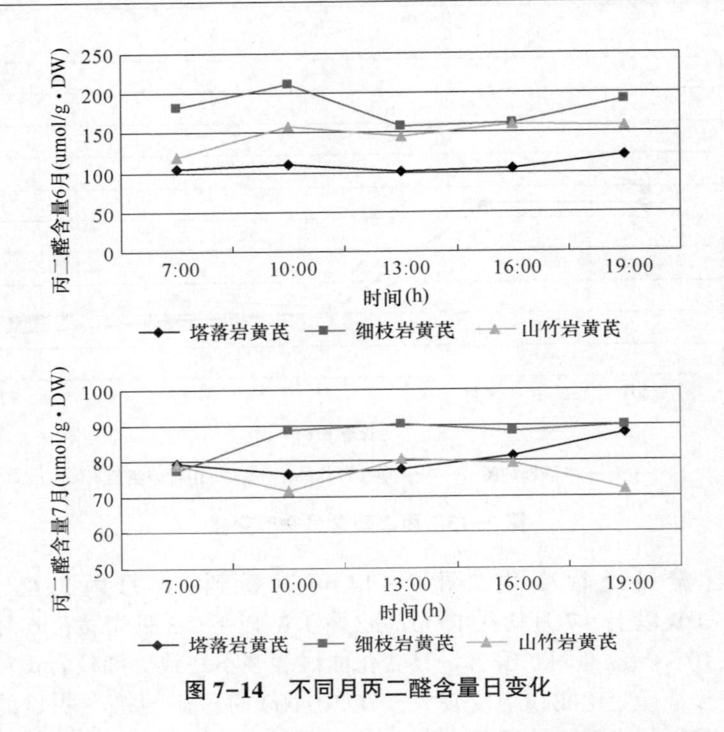

图 7-14 不同月丙二醛含量日变化

岩黄芪 1.479mg/g·DW；叶绿素 a/b 比值年均值塔落岩黄芪 3.643>山竹岩黄芪 3.552>细枝岩黄芪 3.532（图 7-15），显著性检验，塔落岩黄芪和山竹岩黄芪叶绿素 a 含量与细枝岩黄芪差异显著（$P<0.05$），叶绿素 b、叶绿素总量、叶绿素 a/b，3 种岩黄芪无显著差异。类胡萝卜素也是山竹岩黄芪 0.403mg/g·DW>塔落岩黄芪 0.371mg/g·DW>细枝岩黄芪 0.288mg/g·DW，它们之间差异不显著（$P<0.05$）。

从叶绿素含量季节变化曲线（图 7-15）可知，山竹岩黄芪叶绿素 a、叶绿素 b、叶绿素总量季节变化比较一致，即在 8 月出现一个高峰值，7 月出现一个最低值，叶绿素 a、叶绿素 b、叶绿素总量 8 月与其他月差异显著，5 月和 9 月与 6 月和 7 月差异显著（$P<0.05$）；塔落岩黄芪叶绿素 a、叶绿素 b、叶绿素总量季节变化较平缓，高峰值出现在 9 月，低峰值出现在 7 月，叶绿素 a 9 月与其他月差异显著，叶绿素 b 和叶绿素总量 9 月与 6 月差异不显著，与其他月差异显著（$P<0.05$）；细枝岩黄芪叶绿素 a、叶绿素 b、叶绿素总量季节变化曲线近似，含量最高值出现在 9 月，最低值出现在 7 月，叶绿素 a、叶绿素总量 9 月与其他月差异显著，7 月与其他月差异显著，叶绿素 b 9 月与其他月差异显著，7 月与 9 月和 5 月差异显著（$P<0.05$）。

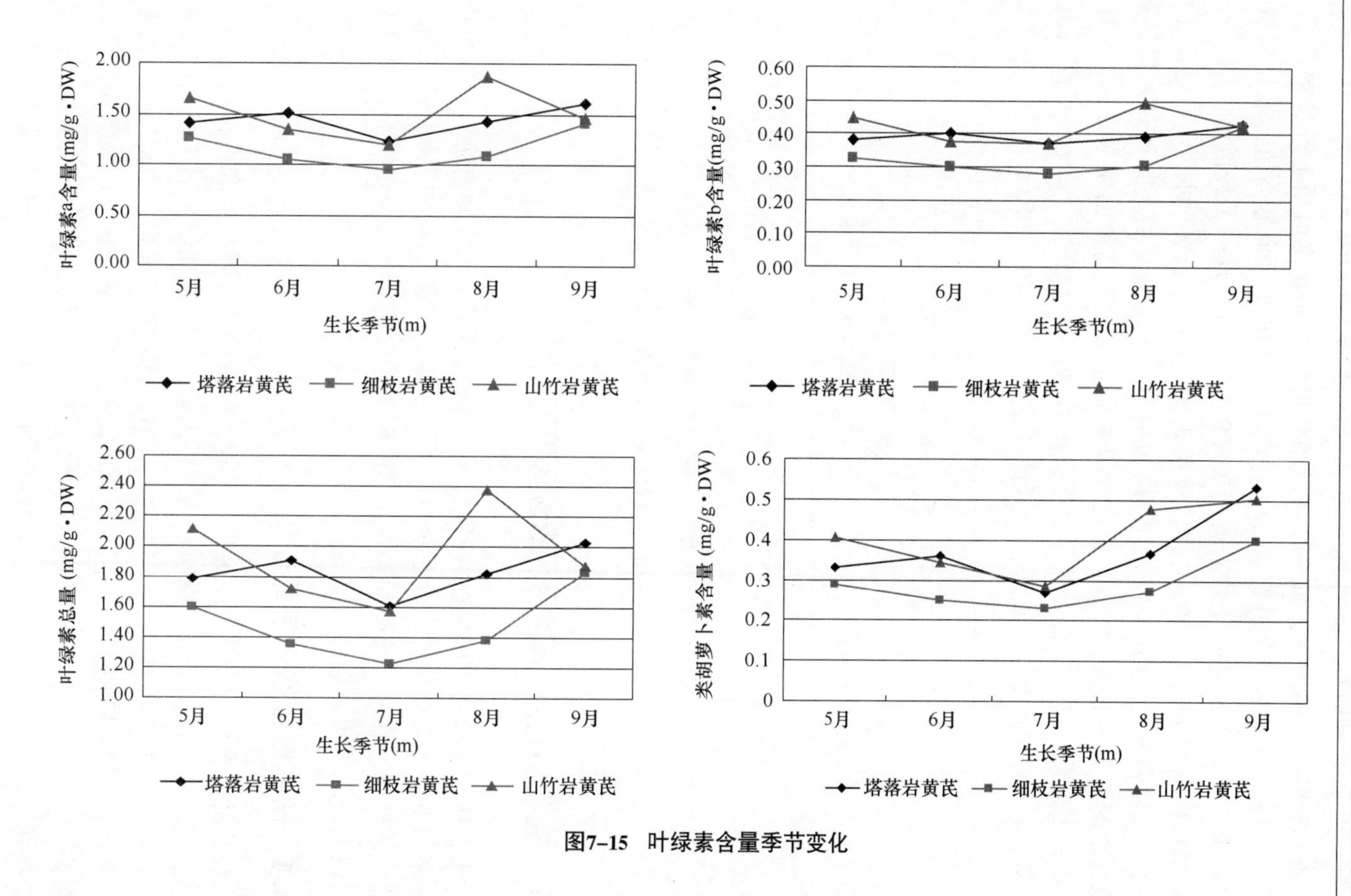

图7-15　叶绿素含量季节变化

随着干旱胁迫的增加，抗旱性强的植物叶绿素 a/b 比值呈上升趋势[55]。由图 7-16 可知，3 种岩黄芪叶绿素 a/b 比值均 6 月出现一个最高值，细枝岩黄芪 3.884>塔落岩黄芪 3.789>山竹岩黄芪 3.659；在 7 月出现一个最低值，细枝岩黄芪 3.360>塔落岩黄芪 3.325>山竹岩黄芪 3.247，3 种植物之间差异不显著（$P<0.05$）。细枝岩黄芪最高值出现在 6 月，6 月叶绿素 a/b 比值与其他月差异显著，其他月之间差异不显著；塔落岩黄芪叶绿素 a/b 比值最高值出现在 6 月，6 月与 5 月差异不显著，但与其他月差异显著；山竹岩黄芪叶绿素 a/b 比值最高值出现在 6 月，6 月与 5 月差异不显著，与其他月差异显著（$P<0.05$）。

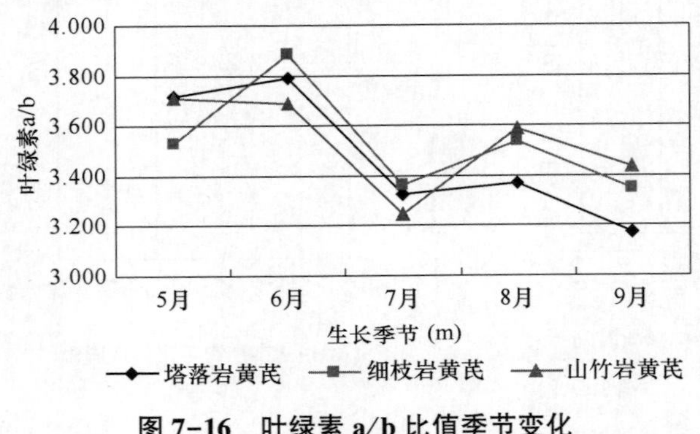

图 7-16　叶绿素 a/b 比值季节变化

7.4　植物光合速率和蒸腾速率的变化

光合作用是植物赖以生存的基础，许多研究表明，水分胁迫通常导致植物光合速率的下降，对植物的光合系统造成不可逆转的伤害。旱生植物由于长期对干旱环境的适应，在光合速率和光合作用的调节运转机制、光合途经等方面发生相应的改变，从而更好地适应干旱[114]。

7.4.1　研究区生态因子的变化

植物的光合作用和其他生命活动一样，经常受到外界条件和内在因素的影响而不断地发生变化，了解影响植物的内外因素，并加以控制，对于提高植物光合速率和产量有着重要意义。影响植物光合有内部和外部因素，内部因素主要是叶龄、源库；外界因素是光照、温度、CO_2浓度、O_2浓度、水分、大气湿度、矿质元素等[127]。在干旱、半干旱地区，大气湿度、水分、温度和光合有效辐射是影响植物光合最主要的因素，为了更好地了解环境因子对光合速率的影响，用美国产 CR10X 自动气象站记录了试验区植物生长季节的环境因子。由表 7-1 可以看出，大气温度月平均值是7月和6月较高为24.19℃和23.42℃，9月和5月较低16.74℃和17.11℃；空气相对湿度是8月和9月偏高为66.72%和62.37%，5月和6月偏低为38.11%和38.85%，光合有效辐射是6月和5月较高为749.84μmol/m^2·s和671.06μmol/m^2·s，9月和8月较低441.60μmol/m^2·s和550.03μmol/m^2·s；降水量是7月和8月偏高为46.70mm和52.20mm，5月和6月偏低为32.10mm和35.30mm；40cm土壤含水量以5月最高达10.82%，9月最低6.80%。综合分析以上数据，6月降水量少、空气温度高、空气湿度小、光合有效辐射强烈，对植物生长最为不利，环境相比是生长季节最差的月。

表7-1 试验区植物生长季节环境因素变化

月 份	温度（℃）	空气相对湿度（%）	光合有效辐射（μmol/m^2·s）	降水量（mm）	40cm土壤含水量（%）
5月	17.11	38.11	671.06	32.10	10.82
6月	23.42	38.85	749.84	35.30	10.73
7月	24.19	53.59	652.33	46.70	8.50
8月	21.66	66.72	550.03	52.20	7.22
9月	16.74	62.37	441.60	44.10	6.80

沙漠地区气候干燥，大气干旱是影响植物生长与生存的重要因素之一。研究沙漠地表下垫面的气象要素以及小气候条件的变化特点有助于研究和分析沙漠植物对干旱环境的适应机制。图7-17给出了6月和8月两个月环境因素日变化曲线，由曲线可知，沙漠地区的光照较为强烈，影响植物光合作用的光合有效辐射强度在13：00达到最大值，由于是在晴天条件下观测，光照强度的日变化呈现出典型的钟罩形。在强烈的光照条件影响，地表空气的温度和湿度变化也很大。6月的温度、空气相对湿度、光合有效辐射、CO_2浓度日变化曲线趋势与8月曲线基本一致，但6月空气温度和光合有效辐射的各个时段值均高于8月，空气相对湿度和CO_2浓度的各个时段值低于8月，温度的空气相对湿度是影响光合作用的重要因素，从这两个因素分析，6月环境劣于8月。

7.4.2 光合速率和蒸腾速率季节变化

随着植物生长季节的延伸，植物的光合速率和蒸腾速率也在发生有规律的变化。图7-18给出了3种岩黄芪光合速率、蒸腾速率、水分利用效率和气孔导度的生长季节变化曲线，3种岩黄芪的光合速率变化曲线基本一致，即在6月光合速率达到最低值，8月达到最大值。细枝岩黄芪6月的光合速率为5.48μmol/m^2·s，8月为12.68μmol/m^2·s；塔落岩黄芪6月为6.33μmol/m^2·s，8月为14.63μmol/m^2·s；山

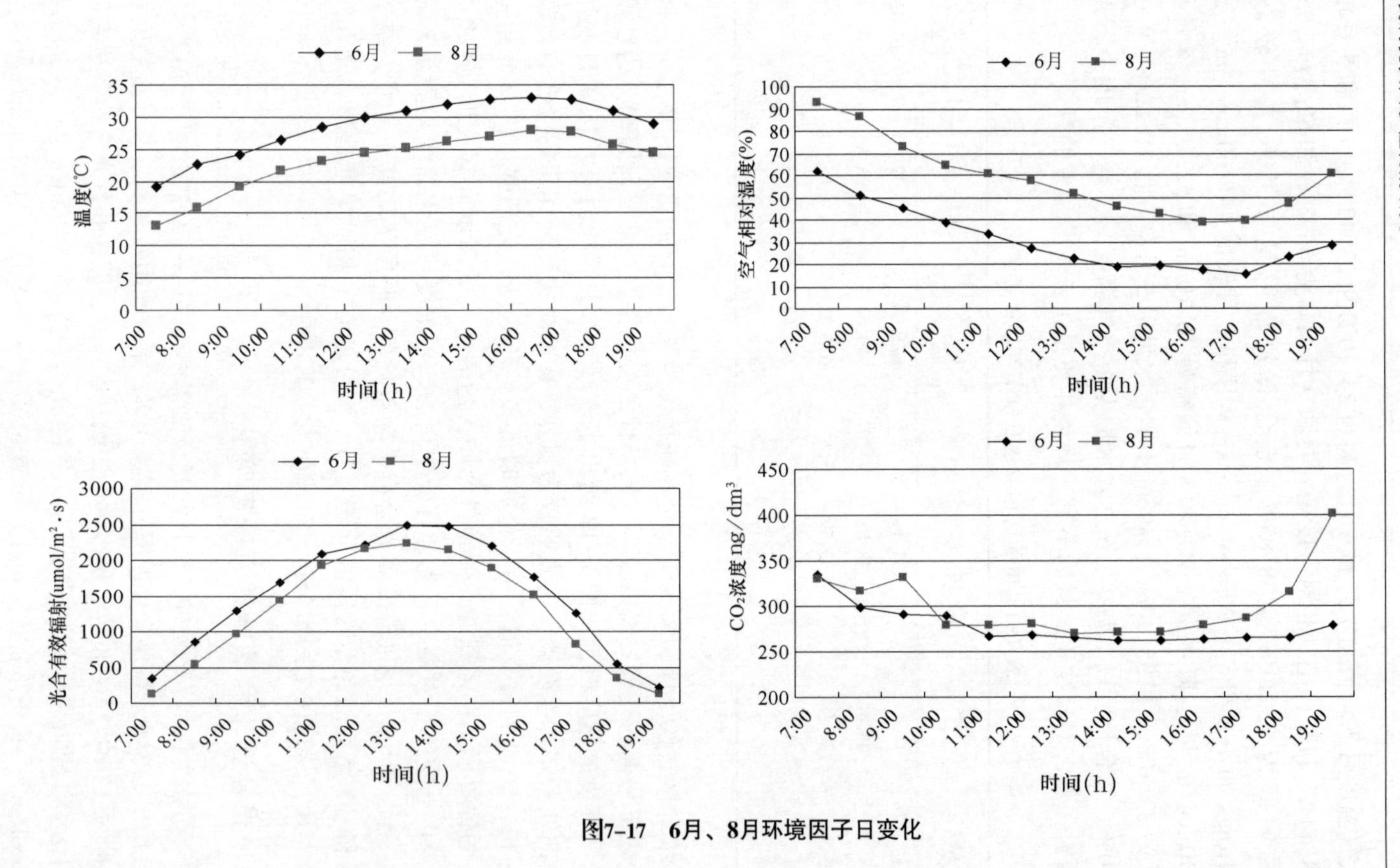

图7-17 6月、8月环境因子日变化

竹岩黄芪 6 月为 4.33μmol/m^2·s，8 月为 14.15μmol/m^2·s。3 种岩黄芪 6 月光合速率与 8 月差异显著（$P<0.05$）。3 种岩黄芪属植物之间 6 月和 8 月光合速率无显著差异（$P>0.05$）。

3 种岩黄芪蒸腾速率季节变化曲线也趋于一致，即 5 月和 8 月蒸腾速率值较高，6 月、7 月、9 月值较低。细枝岩黄芪蒸腾速率最高值出现在 5 月 3.08mmol/m^2·s，最低值出现在 6 月 1.31mmol/m^2·s；塔落岩黄芪最大值出现在 5 月 3.13mmol/m^2·s，最小值出现在 7 月 1.02mmol/m^2·s；山竹岩黄芪最大值出现在 5 月 3.02mmol/m^2·s，最小值出现在 6 月 1.00mmol/m^2·s；3 种岩黄芪的蒸腾速率最大值与最小值之间差异显著（$P<0.05$）。

光合水分利用效率用植物的净光合速率与蒸腾速率的比值来表示，光合水分利用效率高，说明植物对水分利用比较经济。3 种岩黄芪年均水分利用效率是塔落岩黄芪 6.54>山竹岩黄芪 5.54>细枝岩黄芪 5.17，但它们之间差异不显著（$P<0.05$）。水分利用效率季节变化曲线变化一致，均呈近"S"形，5 月和 6 月值较低，7 月到达最大值，8 月和 9 月又缓慢下降。细枝岩黄芪 5 月和 6 月值为 2.93 和 3.47，7 月为 7.02，塔落岩黄芪 5 月和 6 月为 2.43 和 4.01，7 月为 9.58；山竹岩黄芪 5 月和 6 月为 2.75 和 4.33，7 月为 9.58。

无论是植物通过光合作用来吸收 CO_2，还是通过蒸腾作用向空气中散失水分，都是通过植物叶片的气孔来完成的。气孔通过张开和关闭运动以实现其调控叶片 CO_2的吸收和水分散失比率，提高植物水分利用效率的作用和功能。但是气孔调节作用也是有一定限度的，其作用与植物本身的生理特性有关，也受干旱环境的影响。3 种岩黄芪年平均气孔导度为山竹岩黄芪 56.97mmol/m^2·s>细枝岩黄芪 54.95mmol/m^2·s>塔落岩黄芪 54.38mmol/m^2·s，它们之间差异不显著（$P<0.05$）。由图 7-18 可知，3 种岩黄芪的气孔导度呈"双峰形"，5 月出现一个峰值，6—7 月出现一个谷值，8 月又出现一个峰值，9 月又下降。细枝岩黄芪气孔导度 5 月和 8 月值为 85.27 mmol/m^2·s 和 71.21mmol/m^2·s，6 月和 7 月值为 36.02 mmol/m^2·s 和 34.34mmol/m^2·s；塔落岩黄芪 5 月和 8 月值为 85.91mmol/m^2·s和 98.13mmol/m^2·s，6 月和 7 月值为 38.64mmol/m^2·s 和 25.70 mmol/m^2·s；山竹岩黄芪 5 月和 8 月值为 79.81mmol/m^2·s 和 76.85mmol/m^2·s，6 月和 7 月值为 23.52mmol/m^2·s 和 36.59mmol/m^2·s；气孔导度的季节变化与蒸腾速率季节变化表现出密切的相关性。3 种岩黄芪 5 月和 8 月的气孔导度与 6 月和 7 月差异显著（$P<0.05$）。

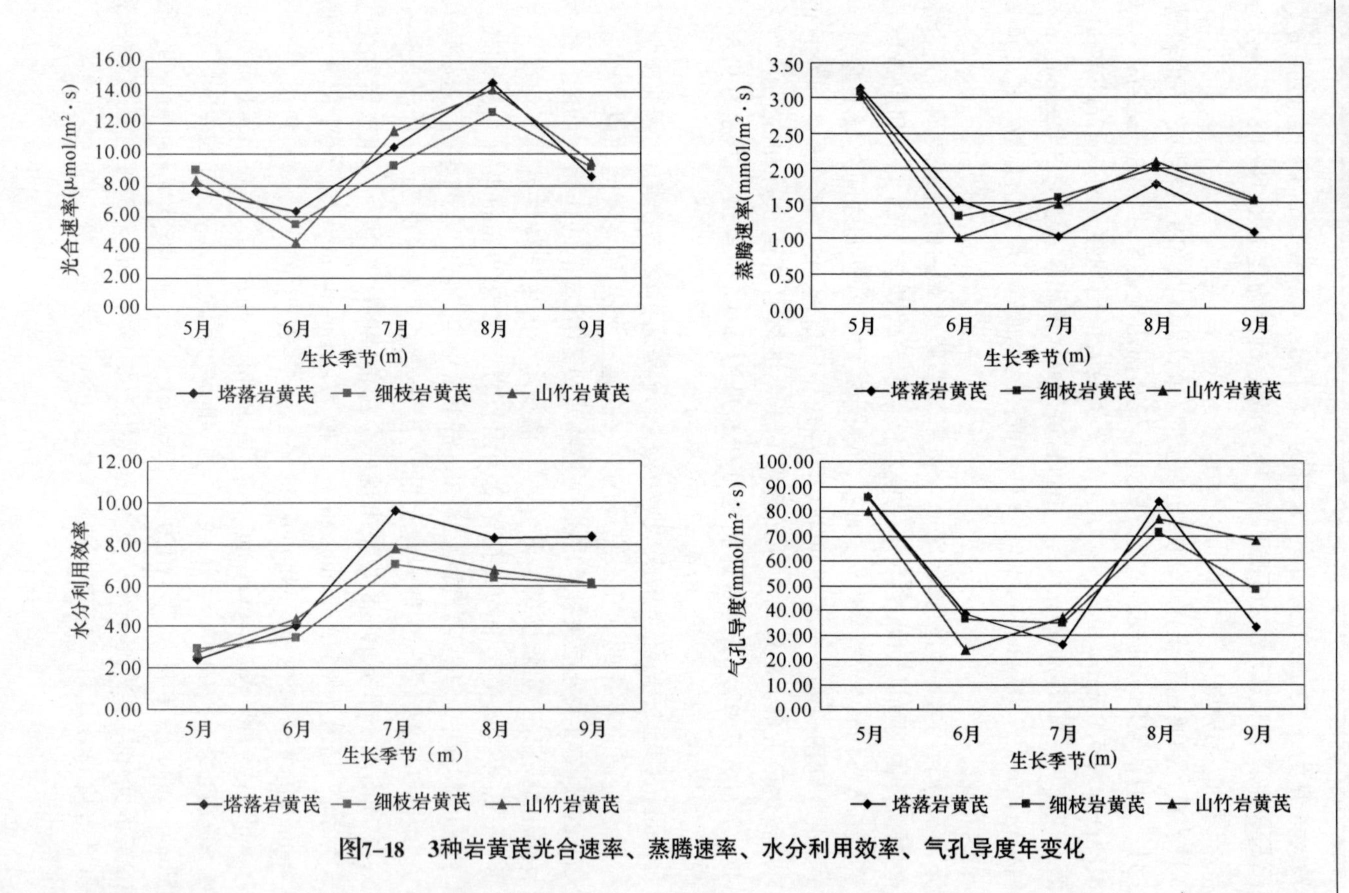

图7-18　3种岩黄芪光合速率、蒸腾速率、水分利用效率、气孔导度年变化

3种岩黄芪的光合速率、蒸腾速率、水分利用效率、气孔导度季节变化基本一致，光合速率季节变化曲线呈近“S”形，其最高峰值出现在8月，最低值出现在6月；蒸腾速率和气孔导度曲线呈双峰形，5月出现一个峰值，6—7月出现一个谷值，8月又出现一个峰值，9月又下降；水分利用效率曲线也呈近“S”形，即5—6月值比较低，7月达到最大值，7月以后又缓慢下降。

7.4.3 光合日进程变化

7.4.3.1 光合速率日进程变化

很多温带植物光合作用-光响应曲线表现出明显的双峰形，午间的光合下降被认为是强光导致的[128]。然而，强光引起的光合作用的变化在不同种之间的表现是不同的，尤其在不同生态型的植物之间。在相同的温度条件下，那些导致中生植物光合下降的强光可能对旱生植物作用不大。同样，在相同辐射条件下，不同的温度对光合作用的影响也表现出很大的差异[129]。在不同的时间尺度上，干旱地区的植物通过不同的生理生态型或形态结构上的改变适应其特殊的生态环境。例如，通过调节季节的生长节律[130]来适应环境，在每天的早晨或下午的晚些时间固定尽可能多的碳，或者关闭气孔以避免水分的散失。在荒漠生态形态中的某些阶段，干旱、强光（光合有效辐射>2000μmol/m^2·s）和高温（叶面温度>45℃）严重影响到植物的气体交换以至于影响到植物的物质生产。这样的环境在亚热带或热带地区很少出现，但在干旱半干旱地区却经常发生[131]，因而不同生长季节植物的光合速率日进程的变化也是不一样的，由图7-19可以看出，3种岩黄芪6月光合速率的日进程曲线呈“双峰形”，8月呈“单峰形”。6月细枝岩黄芪9：00有一高峰值（μmol/m^2·s），11：00—13：00有一个谷值（4.69μmol/m^2·s），17：00又有个次峰值（5.23μmol/m^2·s）；塔落岩黄芪在9：00有最高峰值（9.68μmol/m^2·s），而后在11：00—15：00有一谷值（4.11μmol/m^2·s），17：00出现一个次峰值（6.78μmol/m^2·s）；山竹岩黄芪也在9：00出现最高峰值（9.50μmol/m^2·s），而后在11：00—15：00有一谷值（1.93μmol/m^2·s），17：00有一次峰值（3.43μmol/m^2·s）。

3种岩黄芪光合速率日变化曲线比较可以看到，最大值均出现在9：00时段，随着空气温度的升高，光合速率下降，出现一个谷值，次高值出现在17：00，形成双峰形曲线。3种岩黄芪光合速率在9：00以前差异不大，但山竹岩黄芪在9：00以后光合速率下降幅度大于其他两种岩黄芪。3种岩黄芪光合速率日均值差异不显著（$P<0.05$）。

3种岩黄芪8月光合速率日变化曲线呈“单峰形”，只有一个最高峰值，细枝岩黄芪最高值出现在13：00（21.33μmol/m^2·s）；塔落岩黄芪出现在11：00

（24.43μmol/m²·s）；山竹岩黄芪出现在9：00（22.76μmol/m²·s），高峰值出现后，光合速率下降，15：00以后下降迅速。3种岩黄芪光合速率日均值之间差异不显著（$P<0.05$）。

3种岩黄芪8月光合速率日均值大于6月，且差异显著（$P<0.05$）。说明在6月干旱胁迫下，植物的光合作用受到抑制，光合速率降低；胁迫缓解，光合速率上升，8月光合速率显著大于6月。

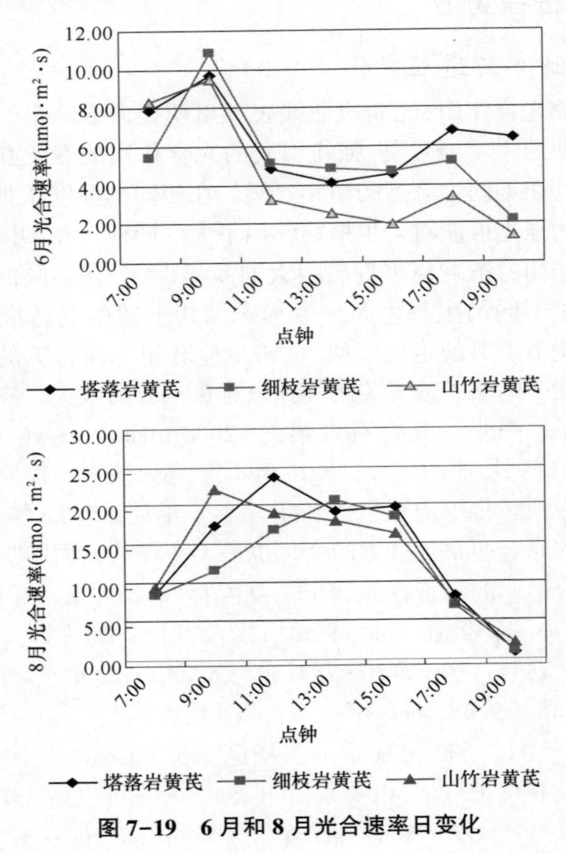

图7-19　6月和8月光合速率日变化

7.4.3.2　蒸腾速率日变化

由图7-20可知，3种岩黄芪6月蒸腾速率日变化一致，均呈现“双峰形”，细枝岩黄芪在9：00达到最高峰值（3.12mmol/m²·s），而后在11：00有一谷值（1.17mmol/m²·s），在17：00出现次谷值（1.45mmol/m²·s），之后下降；塔落岩黄芪在7：00出现最大峰值（2.67mmol/m²·s），然后逐渐下降至15：00有一谷值（0.72mmol/m²·s），在17：00出现一次峰值（1.68mmol/m²·s），随后下降；山竹岩黄芪也在7：00出现最高峰值（2.33mmol/m^2·s），然后下降，在13：00有一谷值（0.40mmol/m^2·s），在15：00—17：00出现一次峰值（0.56mmol/m^2·s），至19：00到达最低值（0.23mmol/m^2·s）。3种岩黄芪蒸腾速率日均值为细枝岩黄芪1.58mmol/m^2·s>塔落岩黄芪1.55mmol/m^2·s>山竹岩黄芪1.00mmol/m^2·s，但它们之间差异不显著（$P<0.05$）。山竹岩黄芪日变化在9：00以后总是低于其他两种岩黄芪。

3种岩黄芪8月蒸腾速率日进程变化均呈“单峰形”，但峰值出现的时间不一致。细枝岩黄芪从早7：00（0.77 mmol/m^2·s）开始逐渐增高，到13：00达最大峰值（3.90mmol/m^2·s），以后又逐渐下降，在19：00达（0.88mmol/m^2·s）；塔落岩黄芪从早7：00（1.06mmol/m^2·s）开始逐渐增高，到13：00达最大峰值（2.83mmol/m^2·s），以后又逐渐下降，在19：00达（0.73mmol/m^2·s）；山竹岩黄芪从早7：00（1.25mmol/m^2·s）开始逐渐增高，到9：00—11：00达最大峰值（2.97mmol/m^2·s），以后又逐渐下降，在17：00达（0.98mmol/m^2·s）。3种岩黄芪蒸腾速率日均值是山竹岩黄芪2.10mmol/m^2·s>细枝岩黄芪2.00mmol/m^2·s>塔落岩黄芪mmol/m^2·s，但它们之间差异不显著（$P<0.05$）。

3种岩黄芪蒸腾速率表现为8月>6月，但细枝岩黄芪和塔落岩黄芪8月与6月差异不显著，仅山竹岩黄芪8月与6月差异显著。从曲线变化趋势看，6月在9：00以前为蒸腾高峰值，8月高峰值出现在9：00—13：00，说明6月气温高，空气干燥，植物的蒸腾速率高峰值出现早，蒸腾速率低，通过这样的方式植物躲避干旱，适应沙区环境。山竹岩黄芪在6月干旱胁迫时，蒸腾速率低于其他两种岩黄芪，在胁迫减轻时，蒸腾速率迅速增大，在8月日均值大于其他两种岩黄芪。

7.4.3.3 气孔导度日变化

植物通过气孔的开闭调节CO_2的吸收和水分的散失，但是气孔的调节作用也是有一定限度的，其受诸多因素的影响。图7-21表明，3种岩黄芪气孔导度日变化6月与8月表现不一致，其曲线变化呈多样性。在6月，细枝岩黄芪的气孔导度日进程呈“双峰形”，早7：00是一天中的最高峰值（84.41 mmol/m^2·s），而后在11：00—13：00有一谷值（17.00~18.27mmol/m^2·s），其次高峰值出现在15：00—17：00（20.72~21.89mmol·m^2·s^1），然后降低；塔落岩黄芪也为“双峰形”，早7：00出现一天的最高峰值（118.12 mmol/m^2·s），13：00有一谷值（23.68 mmol/m^2·s），次高峰值出现在15：00（31.70mmol/m^2·s），然后逐渐降低；山竹岩黄芪呈“单峰形”，最高峰值出现在早7：00（77.23mmol/m^2·s），之后气孔导度开始下降，11：00—19：00气孔导度值较小且变化平稳。

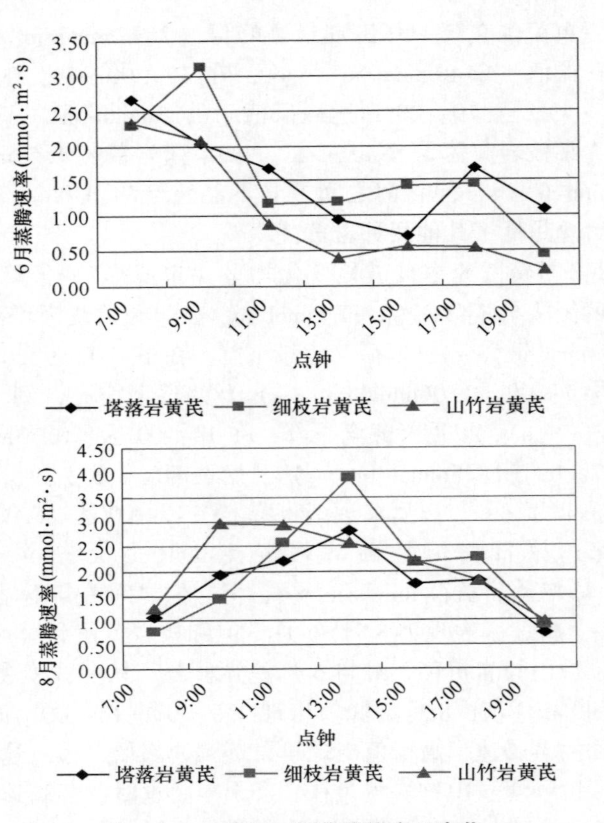

图 7–20　6 月和 8 月蒸腾速率日变化

在 8 月，细枝岩黄芪气孔导度呈波浪式变化，7：00—9：00 是一高峰值（97. 16 ~ 110. 11mmol/m^2 · s），次高峰值出现在 13：00 和 17：00（89. 22mmol/m^2 · s和 75. 00mmol/m^2 · s），谷值出现在 11：00、15：00 和 19：00（59. 52、45. 70 和 31. 78mmol/m^2 · s^1；塔落岩黄芪呈“双峰形”，早 7：00 有一最高峰值（214. 50mmol/m^2 · s^1），而后逐渐下降至 11：00—15：00 有一谷值，17：00 有一次峰值（104. 75mmol/m^2 · s）；山竹岩黄芪的变化近“单峰形”，早 7：00 出现最高峰值（182. 52mmol/m^2 · s），然后迅速下降。至 11：00—19：00 维持一个低而平稳的值。

3 种岩黄芪气孔导度日均值为 6 月<8 月，且两月之间差异显著（$P<0.05$）。说明植物为适应干旱胁迫，植物本身采取生理的变化以应对胁迫，在 6 月气孔导度降低，植物气孔关闭，减少水分散失，维持植物的正常生理过程。

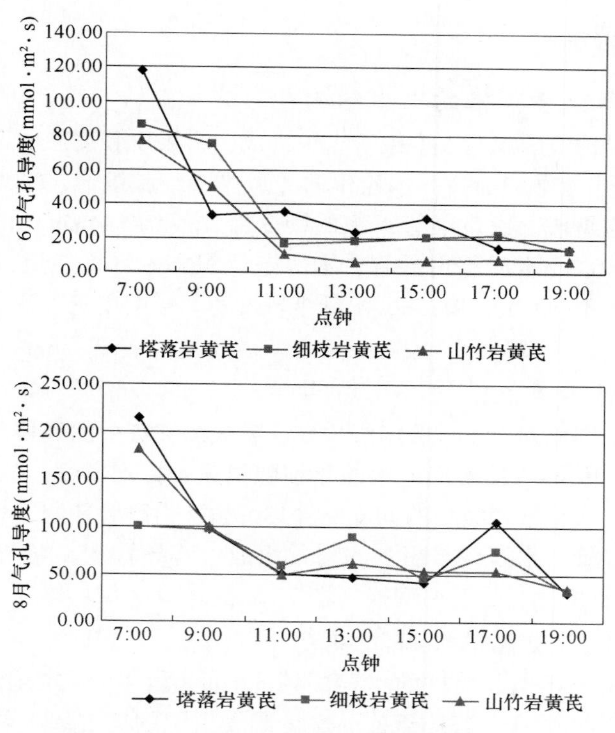

图 7-21 6 月和 8 月气孔导度日变化

7.5 解剖生态学的研究

植物形态解剖学研究是植物抗旱性研究的重要内容，揭示植物适应外部环境的内在机理和方式。植物长期生长在干旱的环境，外部环境不仅影响植物的外部形态，而且塑造了其内部结构，形成植物典型的旱生特征[28]。

岩黄芪属植物适于在荒漠、半荒漠沙质生境中生长，其形态结构和生理生化反应诸方面必然有对干旱地区沙质生态条件特定的适应特征。揭示其形态结构与其所处环境之间的关系，是扩大植被，改善生态环境，恢复生态平衡的一项重要内容，也是合理开发利用植物资源，建立优质饲料基地，发展沙区经济的基础工作，其对选择速生、高产、优质、营养价值高的灌木、半灌木种类有着重要意义。为此，对引种于库布齐沙漠东缘地带的生态治理上主要栽培种细枝岩黄芪、塔落岩黄芪和山竹岩黄芪营养器官的形态结构做了解剖观察，以探讨它们的基本结构特征，为全面认识这 3 种沙生植物对环境的生态适应性提供基础资料。

7.5.1 根的解剖

7.5.1.1 塔落岩黄芪根的次生结构

根的次生结构由周皮和次生维管组织构成，有表皮和皮层的残留部分。周皮的木栓层2~3层（约53μm），木栓化的砖形厚壁细胞组成，排列紧密。栓内层由2层薄壁细胞组成。次生维管组织的韧皮部（厚约144μm）由筛管、伴胞和韧皮薄壁组织构成。木质部由导管，木薄壁组织和木纤维组成，导管有28~32个，其孔径大小不一，13~91μm，木纤维较发达。根的中央可清楚地看到三原型的初生木质部（图7-22）。

7.5.1.2 山竹岩黄芪根的次生结构

同样也是由周皮和次生维管组织构成，有表皮和皮层的残留。周皮的木栓层厚约46.8μm，由4~5层砖形的木栓化细胞组成，排列紧密。栓内层由2~3层薄壁细胞组成。次生维管组织的韧皮部（130μm）由筛管伴胞，韧皮薄壁组织构成。木质部由导管，木薄壁组织和木射线组成，其导管35~40个，孔径为13~78μm，木纤维更发达。是三原型根（图7-22）。

7.5.1.3 细枝岩黄芪根的次生结构

结构与前两种相似。周皮的木栓层约52μm，由4~5层细胞组成，排列紧密。栓内层由2~3层薄壁细胞组成。次生维管组织的韧皮部（约117μm）由筛管伴胞，韧皮薄壁组织构成。木质部中有30~40个导管，其孔径大小为20.8~104μm，木纤维相对少。也是三原型根（图7-22）。

3种岩黄芪根的次生结构都是由周皮和次生维管组织组成。3种岩黄芪的周皮不同程度的发达。木栓层透气和透水性差，是良好的隔热材料，适应高温干旱环境。木栓层的层数与厚度影响植物的抗旱抗寒能力，由此可知3种岩黄芪抵抗干旱能力是细枝岩黄芪>塔落岩黄芪>山竹岩黄芪。

7.5.2 茎的解剖结构

7.5.2.1 塔落岩黄芪茎的初生结构

① 表皮：表皮细胞一层，体积较小，圆形或椭圆形，排列紧密，无间隙，角质层为2.6μm，具有下陷的气孔和较大的孔下室，并疏被短柔毛。

② 皮层：表皮以内为皮层，由多层薄壁细胞构成的，表皮下有一层排列紧密，形状与表皮细胞相似，但内含特殊物质，被染成红色的异细胞（可能是黏液细胞），可称之为下皮层。内侧是3~4层富含叶绿体，排列紧密而整齐的栅栏组织，由长柱状细胞构成。

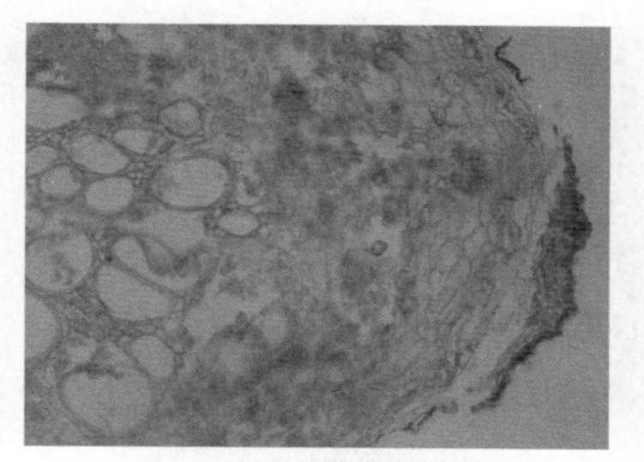
细枝岩黄芪根 20x

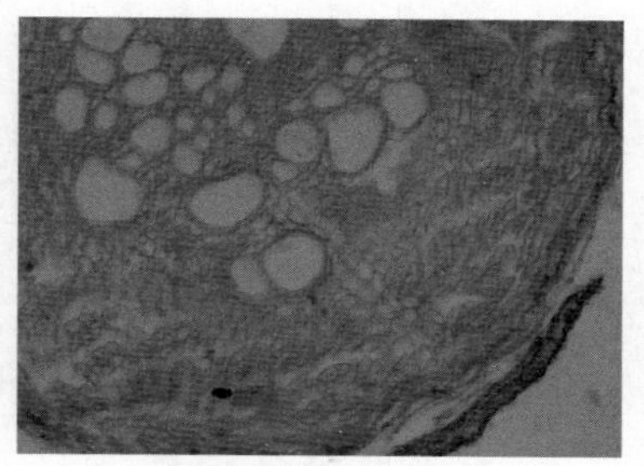
塔落岩黄芪 20x

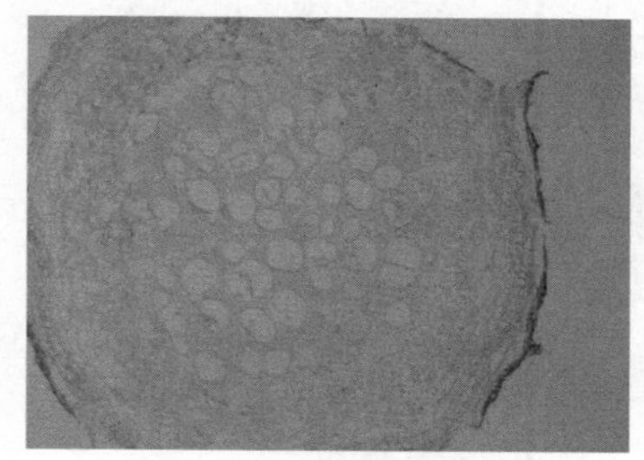
山竹岩黄芪 10x

图 7-22　3 种岩黄芪根的横切（示次生结构）

③ 中柱：由维管束、髓、髓射线等三部分组成。维管束为双韧型，呈环状排列，有 10~11 束，内韧皮部很不发达，木质部为内始式，导管的口径比较大（7.8~31.2μm），外韧皮部的纤维发达，髓射线较宽，由 2~3 列薄壁细胞构成，髓部由大型的薄壁细胞组成，也有一些含有特殊物质的异细胞（图 7-23）。

7.5.2.2　塔落岩黄芪茎的次生结构

① 表皮：没有周皮的形成，因为次生生长过程与枝条的年龄和取材时间有关。表皮和皮层没有脱落，其表皮变化不大，角质层加厚，为 3.38μm。

② 皮层：皮下层的异细胞内含物相对少。内侧的 3~4 层栅栏组织的薄壁细胞变短，短柱状，排列紧密，富含叶绿体，并成片分布于韧皮部之间。栅栏组织之间为含少量叶绿体的圆形或椭圆形的薄壁细胞。

③ 中柱：自外而内依次为初生韧皮部、次生韧皮部、维管形成层、次生木质部、初生木质部和髓。维管形成层向外形成次生韧皮部，韧皮部纤维发达，向内形成大量的次生木质部，木质部连成闭合的完整环状，导管口径大（26~65μm）木纤维发达，维管射线明显而多。茎的中央为髓，由体积较大，排列疏松，胞间隙较大的薄壁细胞构成。髓和韧皮部之间原髓射线内有零星分布的含特殊物质的细胞（图 7-24）。

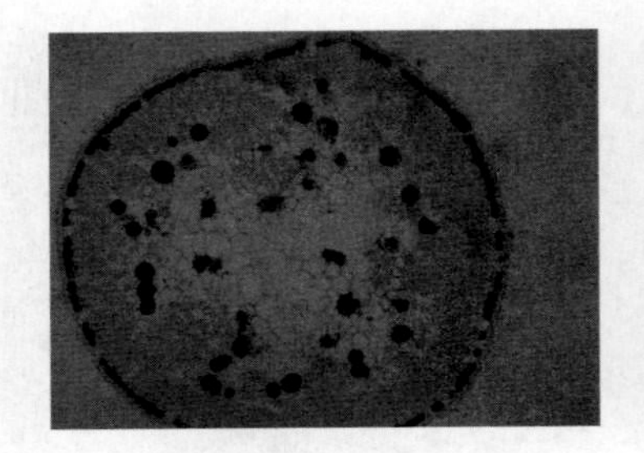

细枝岩黄芪茎10x

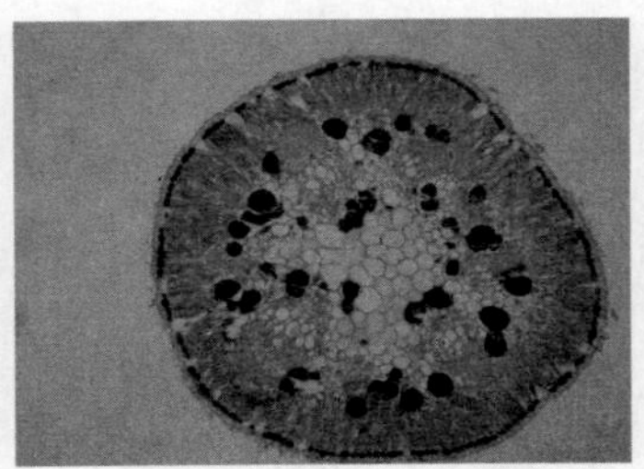

塔落岩黄茎10x

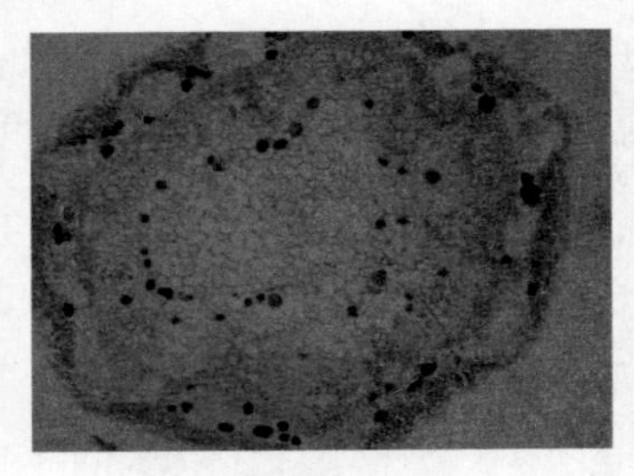

山竹岩黄茎 10x

图 7-23　3 种岩黄芪茎横切（初生结构）

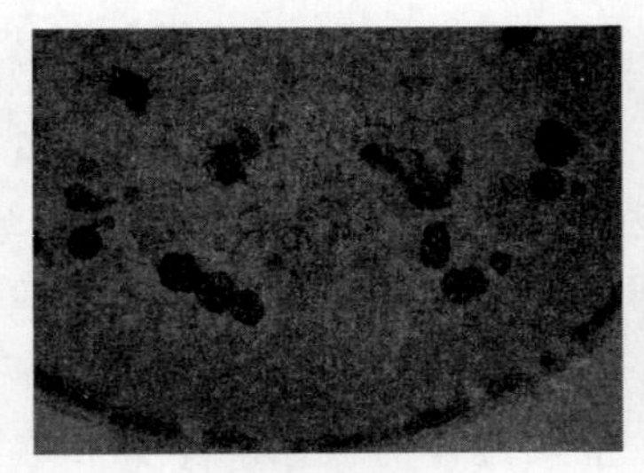

细枝岩黄芪茎 20x

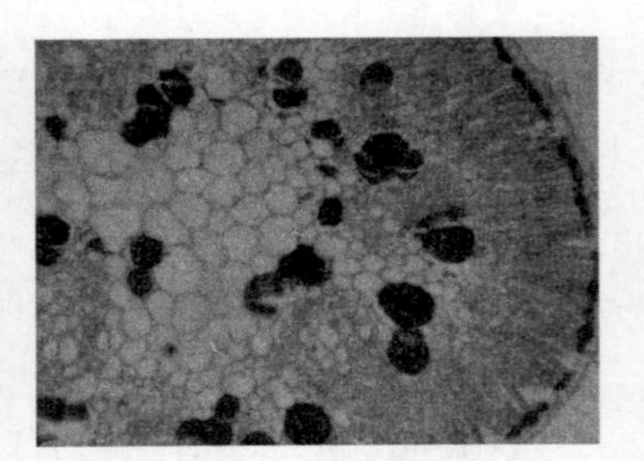

塔落岩黄茎 20x

山竹岩黄茎 10x

图 7-24　3 种岩黄芪茎横切（次生结构）

7.5.2.3　山竹岩黄芪茎的初生结构

① 表皮：表皮角质层为2.4μm 厚。

② 皮层：表皮以内为皮层，表皮下也有一层内含特殊物质的，被染成红色，排列紧密的异细胞。内侧的栅栏组织细胞为长柱状，4~5 层。

③ 中柱：维管束为双韧型，呈环状排列，有 10~12 束，其木质部中导管的口径大小为 13~39μm，韧皮纤维发达，髓射线宽，由 3~4 列细胞构成，髓部由大型的薄壁细胞组成，也有一些含有特殊物质的细胞（图 7-23）。

7.5.2.4　山竹岩黄芪茎的次生结构

① 表皮：角质层为2.6μm。

② 皮层：同样皮层最外有形状与表皮细胞相似一层细胞。仍内含特殊的物质。内侧栅栏组织 4~5 层，细胞长柱状，间断排列于韧皮部之间，个别细胞也含有特殊物质。

③ 中柱：韧皮纤维发达。次生木质部较发达连成不连续的环状。导管口径大小为 7.8~26μm，木纤维也较发达。髓相对大，髓里面有些细胞也含特殊物质（图 7-24）。

7.5.2.5　细枝岩黄芪茎的初生结构

① 表皮：表皮细胞一层，体积较小，椭圆形，排列紧密，角质层为 3.12μm，具有下陷的气孔和较大的孔下室，并疏被短柔毛。

② 皮层：表皮以内为皮层，靠近表皮的一层细胞形状与表皮细胞相似。内含有特殊的物质被染成红色，排列紧密。内侧栅栏组织细胞 3~4 层，长柱状。

③ 中柱：由维管束、髓、髓射线等三部分组成。维管束为外韧型，呈环状排列，有 8~10 束，其木质部中导管的口径比较大（7.8~33.8μm），厚壁数量较多，为韧皮发达，纤维较多，髓射线较宽，由 2~3 列细胞构成，髓部由一些大型的薄壁细胞组成，也有一些含有特殊的细胞（图 7-23）。

7.5.2.6　细枝岩黄芪茎的次生结构

① 表皮：角质层为 3.9μm。

② 皮层：没有变化。

③ 中柱：导管口径大小为 13~52μm。

3 种岩黄芪根、茎内的木质部发达，导管分子孔径大小不一，数量多，壁厚，输导水分的效率高，补充干旱时叶片失水的作用。Zimmermann 认为，水分运输的安全性和有效性是由导管分子孔径不一和数量多少决定，宽导管输导效率高，但较脆弱，易挤坏；而窄导管输导效率低，但抗负能力强。韧皮部的发达，说明能贮存有机物，并供地上部分在干旱低光合效率时使用，适应干旱环境。机械组织（木纤维和韧皮纤维）发达，有较强的支持能力，可减低水分缺少萎蔫时的损伤。茎中次生木质部连接成完整环状，这可进一步加强茎的支持和输导能力，更能适应干旱环境。

7.5.3 叶的解剖

7.5.3.1 塔落岩黄芪叶的结构

① 表皮：表皮细胞一层，横切面观为椭圆形，排列紧密。正面观为表皮细胞为多边形，气孔器下表皮多于上表皮并且都是无规则型的，下陷，没有表皮毛。角质层为3.9μm。下表皮下和叶缘表皮下有一层含特殊物质的，被染成红色的椭圆形异细胞，而上表皮下有少量的，与表皮垂直排列，含特殊物质呈囊状或棒状延伸到叶肉组织中的异细胞。

② 叶肉：环栅型等面叶，靠近下表皮的栅栏组织由3~4层短柱状细胞紧密排列而成。长宽比为12：4，靠近上表皮的栅栏组织由4~5层长柱状细胞紧密排列而成，长宽比为15：4，被含有特殊物质的细胞所间隔，富含叶绿体，海绵组织细胞较少或趋于退化，只分布在脉间区域，排列疏松，具有较大的间隙，少含叶绿体。上栅栏组织/海绵组织/下栅栏组织为4：1：2.5。

③ 叶脉：叶脉有17~19束，维管束外围有由一层薄壁细胞组成的维管束鞘。主脉木质部中导管较发达，导管有15~20个，导管口径为2.6~13μm，在其韧皮部下面有发达的机械组织，由5~6层厚壁细胞组成。细小的叶脉维管束鞘内只有少量的韧皮部（图7-25）。

7.5.3.2 细枝岩黄芪叶的结构

① 表皮：同样表皮细胞一层，椭圆形，紧密排列，表皮细胞正面观为多边形，是无规则型的，下陷。有表皮毛。角质层为2.6μm。靠下表皮有一层含特殊物质的被染成红色的不连续的细胞，靠近上表皮延伸到叶肉中有被染成红色的特殊物质。

② 叶肉：环栅型等面叶，下栅栏组织由2~3层短柱状细胞构成。长宽比为4：2，上栅栏组织由3~4层长柱状细胞构成，长宽比为9：3，上栅栏组织：海绵组织：下栅栏组织5：2：1。

③ 叶脉：叶脉有18~20束，主脉的木质部中有30~32个导管，导管口径为5.2~20.8μm，在韧皮部下面有由3~4层厚壁细胞组成的机械组织（图7-25）。

3种岩黄芪茎和叶表皮外壁角质化而具明显的角质层，被有表皮毛，气孔下陷，具有发达的孔下室，叶表皮上的气孔主要分布于其下表皮，这对反射强光的照射，降低水分的过度蒸腾，增强支撑和保护起很重要的作用。3种叶均为环栅型等面叶，栅栏组织特别发达，由2~5层柱状细胞构成，在叶片中垂直于其表

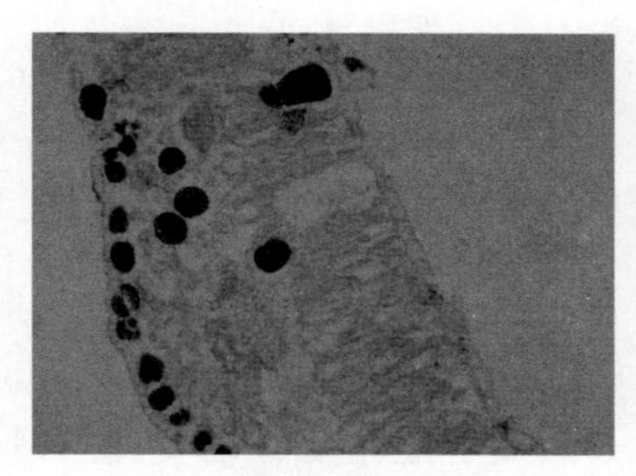

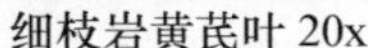
细枝岩黄芪叶 20x

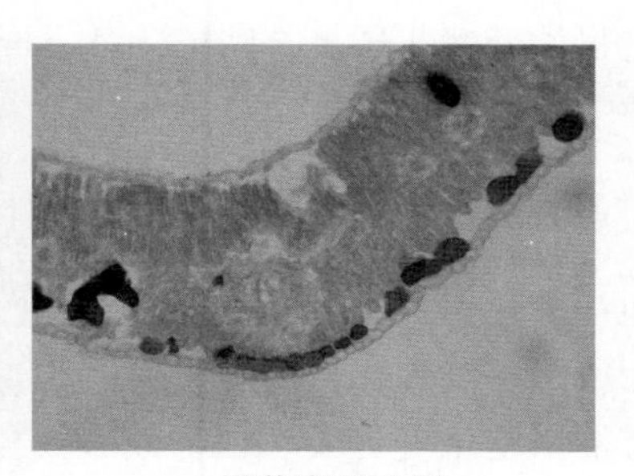
塔落岩黄叶 20x

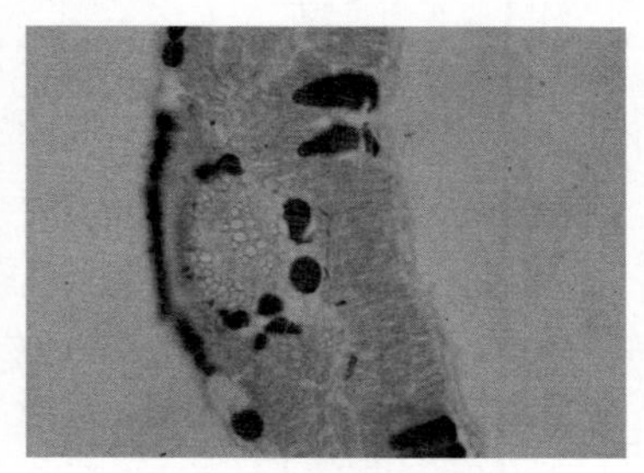
山竹岩黄叶 20x

图 7-25　3 种岩黄芪叶横切

皮呈辐射状排列，与光线方向平行紧密排列，含有大量叶绿体，能利用衍射广，增强叶的光合效率，防止强光对叶子的灼伤。海绵组织趋于退化，仅在脉间区域分布，间隙大，少含叶绿体，也是一种旱生植物区别于中生植物的重要特征。叶脉维管束外围有由一层薄壁细胞构成的维管束鞘，叶脉分支多，侧脉间距小，主脉维管束鞘内韧皮部下侧有发达的 2~3 层厚壁组织，加强抵抗干旱风沙危害的能力。茎皮层内靠近表皮有 3~4 层栅栏组织的分化，是提高光合效率，补充叶光合能量的不足。髓较大，由大型的薄壁细胞组成，贮藏能力强，增强保水能力，渡过不良环境。

3 种岩黄芪的茎皮层最外一层细胞和髓的一些细胞以及叶下表皮下一层细胞、上表皮下延伸到叶肉组织中的囊状细胞内含有特殊物质，被染成红色，可能是一些黏液，与提高细胞原生质的亲水性，加强保水和吸水性能力有关。

7.6　岩黄芪属植物的生态作用

生态系统是一个有生命的开放式功能系统[132]，在干旱、半干旱地区的灌木是一个复合功能体，具有多种生态作用[133]，在提供干旱、半干旱地区的饲料、燃料、肥料的同时，还具有防风固沙、涵养水源、保持水土、调节气候、改善当地生态的重要作用。

7.6.1 灌木的土壤改良作用

土地沙漠化是一个连续的渐变过程，其主要的表现形式是植被的退化或丧失，进而影响土壤理化性质发生实质的变化，导致土壤肥力降低，生产力水平下降，使植被恢复难度更大。在土地沙漠化过程中，土壤指标的变化不是单一的，而是多个指标都在发生作用，其中起主要作用的指标是土壤有机质和小于0.01mm的物理性黏粒。物理黏粒是表征土壤塑性、保水能力的分界线，其含量高，意味着土壤物理性能好，保水、保肥能力高。土壤有机质一方面反映了植物残体的养分归还能力，另一方面也反映了地面植物生长的情况[134]。

7.6.1.1 土壤营养成分的变化

在自然条件下，随着灌木的成长过程，植被覆盖度逐渐加大，流动沙丘向半流动沙丘、固定沙丘演变，水土流失区逐渐向稳定方向发展。灌木地及其相应植被以其茂密的枝叶和枯枝落叶保护着表层土壤，防止风蚀和水蚀的发生，由于灌木和植物的生长，使地表的粗糙度不断增加，大大降低了风速，植物根系和枯枝落叶可以加速土壤的形成过程，提高黏结力，促使地表形成“沙结皮”，沙结皮的形成是土壤形成的明显特征。它具有非常强的抗风蚀能力。在灌木和其他植物不断生长、演替、发展过程中，土壤容重降低、孔隙度加大，土壤紧实度增加、有机质及土壤养分含量提高，都充分说明了土壤的形成过程。所以灌木的生长不仅可以固定风沙土，而且可以促进土壤的形成和改良。孙祯元（1981）对6种沙生灌木地（细枝岩黄芪、塔落岩黄芪、紫穗槐、柠条锦鸡儿、沙柳、沙棘）进行分析发现，种植20余年后，灌木地土壤得到很大改善，灌木地有机质含量比对照高3.4~8.2倍，尤以细枝岩黄芪和塔落岩黄芪为最好。康永海（1986）对30年生山竹岩黄芪地的调查表明，固定沙丘的含N量为裸露沙丘的7~15倍，而且P、K含量也明显提高。

由表7-2可知，种植岩黄芪属植物3年后的各层土壤的全N、速效N、全P、速效P含量低于种植前的原始样地，且差异显著；全K、速效K含量差异不明显，有机质含量明显提高，高于原始样地，差异显著。N和P元素降低的主要原因是岩黄芪属植物生长快，生物量积累量大，植物的生长消耗了大量土壤中的矿质元素，K元素变化不明显是由于北方土壤中K含量丰富的特性所决定的，有机质含量的提高是由于植物的枯枝落叶及部分根性死亡后经土壤微生物分解后产生的有机质积累而成。

表 7-2 土壤营养成分的变化（mg/100g）

营养成分	试验样地			原始样地			平均增减 %
	10cm	30cm	50cm	10cm	30cm	50cm	
全 N	13.20[b]	15.78[b]	22.96[b]	32.27[a]	32.57[a]	34.06[a]	-52.24
速效 N	1.25[b]	1.23[b]	1.40[b]	6.15[a]	5.58[a]	5.44[a]	-77.53
全 P	8.32[b]	11.78[b]	13.84[b]	17.36[a]	15.88[a]	23.17[a]	-39.83
速效 P	1.73[b]	1.52[b]	1.86[b]	3.75[a]	4.28[a]	3.53[a]	-55.80
全 K	1827.20[a]	1831.47[a]	1897.03[a]	1886.67[a]	1848.33[a]	1928.33[a]	-1.90
速效 K	4.95[a]	4.52[a]	4.18[a]	4.93[a]	5.61[a]	4.49[a]	-9.18
有机质	320.00[a]	270.00[a]	590.00[a]	130.00[b]	140.00[b]	160.00[b]	+174.44

※右上角有相同字母表示同种元素同一深度之间差异不显著，有不同字母表示同种元素同一深度差异显著（$P \leq 0.05$）

7.6.1.2 土壤水分和温度的变化

在干旱、半干旱条件下，水是影响环境变异的最重要因子。土壤水分的含量对植物的生长而言是最大的限制因子，且影响到遏制沙漠化危害的可能性[135-138]。灌木的生长增加了植被的覆盖度，使土壤的含水量和温度也发生了变化，由图 7-26 可以看出，土壤含水量的变化存在着季节性变动，即土壤含水量受降雨、光照、植被盖度等影响。6 月由于降雨少，光照强烈，植被盖度低，10cm 和 20cm 土层的土壤含水量试验样地低于原始样地；7 月由于降雨增加，植被盖度加大，10cm 和 20cm 土壤含水量试验样地大于原始样地；8 月是植物生长旺盛季节，植物耗水量增加，加之温度适宜，空气湿度大，原始样地的 10cm 和 20cm 土壤含水量大于试验样地；9 月植物的生长趋于停顿，耗水量减少，试验地各层土壤含水量又高于原始样地。

土壤温度的年日变化对土壤内部生物物理和化学过程的影响非常强烈[139]。在干燥的沙漠地区，当雨热同期来临时（7—10 月），土壤中热量环境的巨大变异，在时间上和深度上将影响微生物和灌丛根系的生长动态。同时，由于沙表层水分不充分，地表覆盖度低，实际蒸散量小[140]，大部分热量用于增高陆面及近地气层的温度。本区域人工固沙植物的生息繁衍，在增加蒸散量的过程中无疑引起土壤内部温度分布变异[141]。岩黄芪样地与原始样地土壤温度也存在着季节性变化，以 6cm 和 10cm 中午 12：00 土壤温度研究可以看到（图 7-27），6 月 15 日前试验样地和原始样地地温相差不大，6 月 20 日至 8 月 30 日时段内，试验样地的温度较原始样地低 1~2℃，进入 9 月以后，试验样地的温度又高于原始样地 1℃左右。温度的变化与差异，反映了有植被覆盖的沙地微环境得到改善，有利于植物及地下微生物的生存。

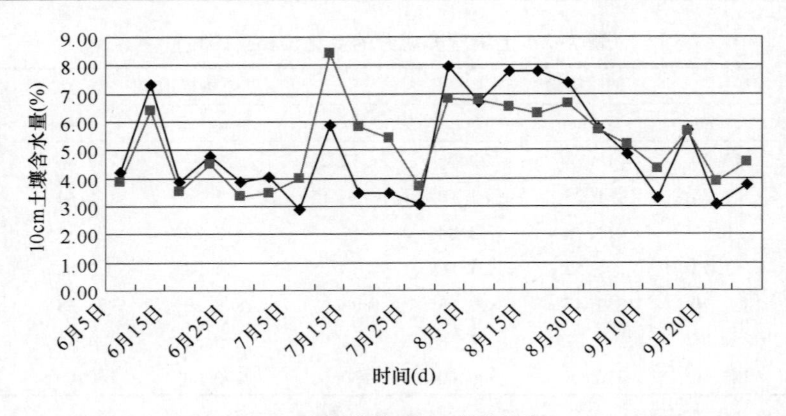

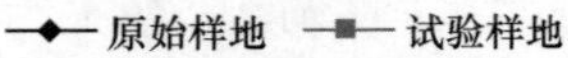

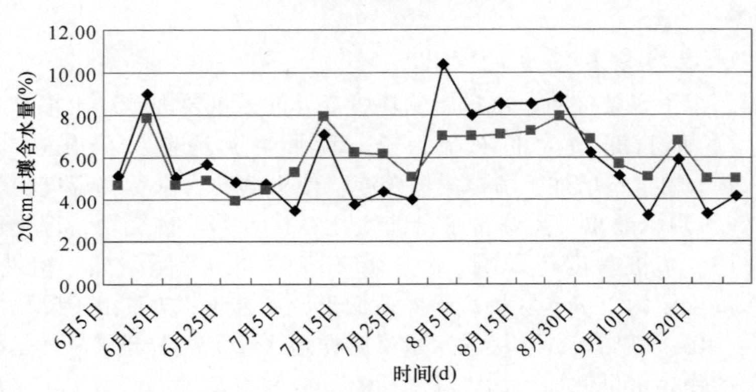

图 7-26 土壤含水量变化

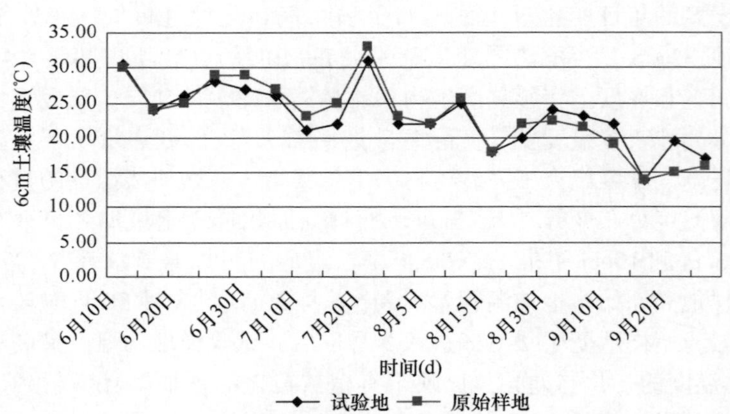

图 7-27 土壤温度变化（一）

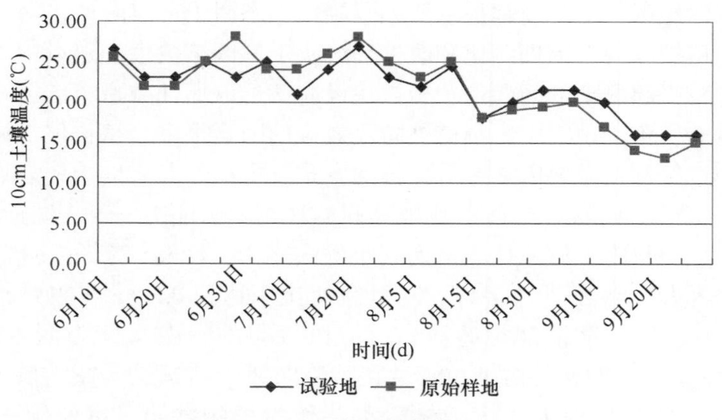

图 7-27 土壤温度变化（二）

7.6.1.3 土壤紧实度的变化

沙区的土壤多为砂土，土壤紧实度低，表层松散，在无植被覆盖的情况下，在风的作用下易随风流动，从而形成沙尘和沙尘暴。灌木的生长发育，可以有效地改善土壤结构，使土壤的紧实度增加，提高土壤保持水分的能力，降低风的侵蚀作用。图 7-28 表明，植被覆盖区域的土壤紧实度明显高于流动沙地。0~20cm 土层紧实度均呈现试验地>半流动沙地>流动沙地。

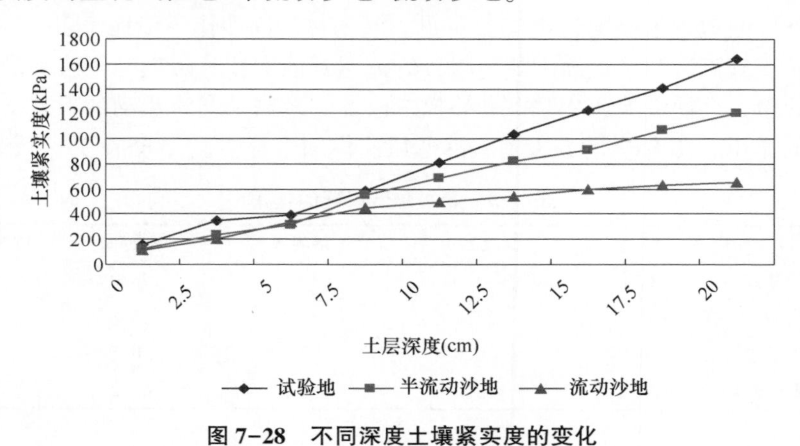

图 7-28 不同深度土壤紧实度的变化

7.6.2 固沙植物的防风固沙作用

植被覆盖在风蚀过程中，可以通过多种途径对地表土壤起保护作用，因此，增大地表植被率常常被专家们认为是防风固沙、减少风蚀的一种有效途径。在广大干旱半干旱地区，水分通常是主要的限制性生态因子，有限的水资源只能供给一定数量的植被，为了治理沙化和改善环境，干旱区植被生态建设中一个无法回避的而又经常引起争论的问题是：植被建设应该选取那种类型植被，才能获得最大的防风效应？由于现实中影响植被防风效应的因素很多。植被覆盖度、疏通性能、植株弹性等都是重要因素，另外排列方式。主风方向。地貌形态也能产生一定影响。黄富祥，高琼对毛乌素沙地不同防风材料降低风速效应的比较试验证明：几种防风材料降低风速性能从达到小的次序为，沙蒿>芨芨草>塔落岩黄芪>沙障>栅栏>旱柳，沙蒿性能最好，降低风速比率达到 0. 49，旱柳性能最差，近似为 0；就乔、灌、草植被类型而言，防风效应的一般次序为灌木>草本>乔木[142]。刘艳军，刘明义等对细枝岩黄芪沙障防风固沙试验研究结果表明：在流沙地迎风坡上部及丘顶上种植细枝岩黄芪作为植物沙障，可使地表粗糙度由 0. 014cm 提高到 0. 642cm，地表起沙风速由 8. 8m/s 提高到 10. 1m/s，可改变风沙流输沙率随高度的分布结构。实验测得 0~20cm 高度范围内风沙流输沙量较流沙地减少了 80. 2%，小气候及土壤等生态条件明显改善；在沙障带间栽植刺槐，成活率提高了 58. 4%，且生长情况良好[143]。俞海生，李保军等对毛乌素沙漠的主要灌木防风固沙作用进行了研究和探讨，研究结果表明：灌木林地由于灌木和植物的生长，增加了地表粗糙度，降低风速，起到了防风固沙作用，3 年生的柠条锦鸡儿固沙林内的地表粗糙度为 0. 017cm，而流沙为 0. 0068cm；5 年生柠条锦鸡儿固沙林内的地表粗糙度为 4. 33。可见，灌木林的固沙作用随地表粗糙度的增加而增加。当气流运动经过灌木林地时，气流遇到灌木枝叶阻挡，气流和灌木枝叶间产生的阻力会使气流产生摩擦和碰撞，改变和减弱了气流运动的形式，达到降低风速的作用。10 年生的 5 种灌木降低风速作用十分明显（表 7-3）。

表 7-3　灌木降低风速的作用

项　目	沙　柳	细枝岩黄芪	塔落岩黄芪	紫穗槐	柠条锦鸡儿
0~5cm 分枝数	21. 0	3. 0	30. 0	23. 0	19. 0
0. 3m 处降风率%	45. 6	37. 8	77. 1	46. 8	45. 0
降低风速系数	0. 5	0. 6	0. 3	0. 5	0. 5
2. 5m 处降风率%	30. 2	52. 2	33. 3	42. 2	50. 2

从 2. 5m 高度来分析降低风速的平均值，其中细枝岩黄芪降低风速效果最好，可降低风速 52. 2%，其次是柠条锦鸡儿可降低风速 50. 2%，紫穗槐可降低风速 42. 2%，塔落岩黄芪可降低风速 33. 3%，沙柳可降低风速 30. 2%。但是，如果从 0. 3m 高度来分析降低风速的平均值，其结果却不一样。其中塔落岩黄芪降低风速效果最好，可降低风速 77. 1%，其次是紫穗槐可降低风速 46. %，沙柳可降低

风速45.6%，柠条锦鸡儿可降低风速45.0%，细枝岩黄芪可降低风速37.8%。从两个高度来分析灌木降低风速效果，这是由于不同灌木种的生理生态特征和生长势的差异所决定的。细枝岩黄芪由于植株高大，遮挡范围也大，在2.5m处的防风效果好，但在近地表枝叶较少，所以在0.3m处的降低风速效果较差，而塔落岩黄芪恰恰相反，近地表枝叶繁茂，所以在0.3m处的降低风速效果好，从防风固沙角度来分析，塔落岩黄芪的防风固沙效果优于细枝岩黄芪。

风沙流结构特征之一，沙粒是沿地表面运动的。许多学者在实验室或野外进行过这种含沙量沿垂线分布研究，气流搬运的沙量绝大部分（90%）是在地表0~30cm的高度内通过，其中又特别集中分布于0~10cm的气流层内（约占80%）。根据风沙流这一特征，有理由认为灌木的防风固沙效果最好，灌木可以有效地防止防沙流移动，减少输沙率，可以起到良好的防风固沙作用（表7-4）。

表7-4 灌木林输沙量的比较

项目	沙柳	细枝岩黄芪	塔落岩黄芪	紫穗槐	柠条锦鸡儿	流沙
输沙率（g/h·cm）	2.53	4.02	0.89	2.87	2.76	65.42

在库布齐沙漠的3~4年生柠条锦鸡儿，每丛根基部可以集沙0.2~0.3m^3；5年以上的柠条锦鸡儿林地覆盖度可达70%以上，每丛积沙0.5~1.0cm^3；成片的林地，一般平均覆沙厚度达到0.5cm左右。因此，营造防风固沙林应当以灌木林为主体。尤其是在西北干旱、半干旱地区的植被恢复更应以灌木为主[133]。

7.7 小结

① 3种岩黄芪24h的失水率季节性变化与生长季节的气温变化一致，即5—9月失水率呈现低—高—低的变化趋势，5月失水率较低，6—7月失水率升高，8—9月失水率降低。失水率年平均值排序，细枝岩黄芪失水率62.34%<山竹岩黄芪65.67%<塔落岩黄芪69.67%，即植物持水力细枝岩黄芪>山竹岩黄芪>塔落岩黄芪，但多重检验3种岩黄芪持水力差异不显著（$P \leqslant 0.05$）。

3种岩黄芪均具有较高的束缚水/自由水比值，生长季节束缚水/自由水年平均值细枝岩黄芪2.833>塔落岩黄芪2.031>山竹岩黄芪1.973，但3种岩黄芪之间差异不显著。从季节性变化看，5月和7月束缚水/自由水的比值较低，6月、8月和9月的比值较高，在6月高温干旱季节，植物受水分胁迫的影响，3种岩黄芪均维持较高的束缚水/自由水值，日平均束缚水/自由水比值，细枝岩黄芪2.883>塔落岩黄芪2.513>山竹岩黄芪2.492。7月进入雨季，植物水分胁迫降低，植物束缚水/自由水比值也随之降低，日平均束缚水/自由水值，细枝岩黄芪1.737>塔落岩黄芪1.250>山竹岩黄芪1.247，与6月相比，束缚水/自由水比值差异显著。

岩黄芪属植物均具有较低的植物水势，抗旱能力较强，年平均植物水势细枝岩黄芪-4.02MPa<塔落岩黄芪-3.48MPa<山竹岩黄芪-3.26MPa，显著性检验3种岩黄芪年平均水势差异不显著。从植物生长季节分析，3种岩黄芪水势呈现到单峰形，水势最低值均出现在高温、干旱的6月。3种岩黄芪植物日水势的均值，细枝岩黄芪的日均值最低为-4.59MPa<塔落岩黄芪-4.18MPa<山竹岩黄芪-4.12MPa，说明抗旱能力排序是细枝岩黄芪>塔落岩黄芪>山竹岩黄芪。显著性检验3种植物差异不显著（$P<0.05$）。

② 3种岩黄芪脯氨酸含量年平均值为细枝岩黄芪96.469μg/g·DW>塔落岩黄芪90.448μg/g·DW>山竹岩黄芪76.766μg/g·DW，显著性检验3种岩黄芪脯氨酸含量年均值差异不显著（$P<0.05$）。脯氨酸季节性变化趋势看，3种岩黄芪均呈现脯氨酸在7月达最低值的趋势，但最高值出现却不尽一致，细枝岩黄芪脯氨酸含量最高值出现在6月，塔落岩黄芪和山竹岩黄芪脯氨酸含量最高值出现在5月，说明细枝岩黄芪较塔落岩黄芪和山竹岩黄芪对干旱胁迫迟缓，脯氨酸累积滞后于其他2种岩黄芪。3种岩黄芪脯氨酸含量日变化趋势，3种岩黄芪脯氨酸含量的累积是一个逐渐积累的过程，呈单峰形，均在16：00时段内达到一天的最大值，细枝岩黄芪脯氨酸含量达174.091μg/g·DW，塔落岩黄芪111.467 μg/g·DW，山竹岩黄芪72.425μg/g·DW。

3种岩黄芪可溶性糖年均值为山竹岩黄芪14.772mg/g·DW>塔落岩黄芪12.964mg/g·DW>细枝岩黄芪12.344mg/g·DW，山竹岩黄芪与细枝岩黄芪差异显著（$P<0.05$）。3种岩黄芪季节性可溶性糖含量的变化趋势也呈现单峰形，即6月为可溶性糖最高值，7月为最低值，3种可溶性糖含量6月与7月差异显著。

3种岩黄芪丙二醛年平均值为细枝岩黄芪85.294μmol/g·DW>山竹岩黄芪70.894μmol/g·DW>塔落岩黄芪65.041μmol/g·DW，但3种植物之间差异不显著（$P<0.05$）。丙二醛含量季节变化的曲线也呈单峰形，既6月达到最大含量。

随着干旱胁迫的增加，抗旱性强的植物叶绿素a/b比值呈上升趋势。3种岩黄芪叶绿素a/b比值均6月出现一个最高值，细枝岩黄芪3.884>塔落岩黄芪3.789>山竹岩黄芪3.659；在7月出现一个最低值，细枝岩黄芪3.360>塔落岩黄芪3.325>山竹岩黄芪3.247，3种植物之间差异不显著（$P\leqslant 0.05$）。

③ 3种岩黄芪的光合速率、蒸腾速率、水分利用效率、气孔导度季节变化基本一致，光合速率季节变化曲线呈近“S”形，其最高峰值出现在8月，最低值出现在6月；蒸腾速率和气孔导度曲线呈双峰形，5月出现一个峰值，6—7月出

现一个谷值，8 月又出现一个峰值，9 月又下降；水分利用效率曲线也呈近“S”形，即 5—6 月值比较低，7 月达到最大值，7 月以后又缓慢下降。

④ 3 种岩黄芪光合速率 6 月干旱季节日变化曲线呈现“双峰形”，8 月光合速率日变化曲线呈“单峰形”，8 月光合速率日均值大于 6 月，且差异显著（$P<0.05$）。说明在 6 月干旱胁迫下，植物的光合作用受到抑制，光合速率降低；胁迫缓解，光合速率上升，8 月光合速率显著大于 6 月。

3 种岩黄芪 6 月蒸腾速率日变化呈现“双峰形”8 月蒸腾速率日进程变化均呈“单峰形”，蒸腾速率表现为 8 月>6 月，但细枝岩黄芪和塔落岩黄芪 8 月与 6 月差异不显著，仅山竹岩黄芪 8 月与 6 月差异显著。3 种岩黄芪气孔导度日均值为 6 月<8 月，且两月之间差异显著（$P<0.05$）。说明植物为适应干旱胁迫，植物本身采取生理的变化以应对胁迫，在 6 月气孔导度降低，植物气孔关闭，减少水分散失，维持植物的正常生理过程。

⑤ 3 种岩黄芪营养器官具有相同的旱生结构特征，其特征是，根次生结构中有发达的木栓层和导管，导管口径大小不一；茎部有发达的导水组织、机械组织和栅栏组织；叶和茎的表皮有较厚的角质层，气孔不同程度下陷，并具有较大的孔下室，被有表皮毛。栅栏组织发达，成环栅型，海绵组织趋于退化，仅在叶脉之间分布，叶脉外围有一层薄壁细胞的维管束鞘，主脉韧皮部下侧有 3~4 层发达的机械组织；茎和叶中存在含特殊物质的异细胞等。

3 种岩黄芪营养器官的旱生结构虽然有共性，但也有差异，综合以上各抗旱指标对 3 种岩黄芪排序，抗旱特性最显著的是细枝岩黄芪，细枝岩黄芪的上部羽状复叶的小叶退化是缩小蒸腾面积来减少水分的蒸腾损失，也是对干旱环境的一种适应，其次为塔落岩黄芪，山竹岩黄芪较弱。

⑥ 由于岩黄芪属植物的快速生长发育，生长 3 年的岩黄芪属植物样地全 N、全 P，速效 N、P 的含量较种植前下降迅速，且差异显著。北方土壤富含 K 元素，因而全 K、速效 K 含量变化微弱。有机质含量增加明显，较原始样地有显著提高。

⑦ 岩黄芪属植物样地的土壤含水量和温度较原始样地有所提高，为植物的生长发育和地下微生物的生存提供了较好的环境，有利于土壤的形成和植物群落的正向演替。岩黄芪属植物样地的土壤紧实度得到提高，提高土壤保持水分的能力，降低风的侵蚀作用。灌木具有良好的防风固沙作用，可以增加土壤的粗糙度、有效的降低风速，减少输沙量。

结论

① 山竹岩黄芪、小叶锦鸡儿、塔落岩黄芪、中间锦鸡儿、细枝岩黄芪和柠条锦鸡儿分别是科尔沁沙地、毛乌素沙漠和腾格里沙漠东南缘的主要建群灌木，在生产和生态治理中被广泛应用，引种到库布齐沙漠东缘后能够很好地适应当地的环境条件，可以作为当地旱作人工、半人工草地和飞播的主要种质材料，在当地大规模应用。

② 6 种固沙植物营养成分和氨基酸含量丰富，适宜于家畜饲养的要求，是沙区发展草地畜牧业优质的饲草资源。3 种岩黄芪全株及新生枝条以生长初期营养价值最高，随着植物的生长发育，粗蛋白质、磷元素含量下降，纤维性物质（酸性洗涤纤维、中性洗涤纤维）的变化与粗蛋白质相反，随着植物的生长发育而增加。岩黄芪属植物钙含量在生长季节递增，呈浓缩型，磷含量递减，呈稀释型。钙磷比呈增大趋势，在果后营养期超出 7∶1 的家畜耐受极限，因此在饲料配制时必须考虑添加适量的磷以调节其钙磷比。3 种岩黄芪的粗蛋白质、灰分、酸性洗涤纤维、中性洗涤纤维、钙、磷含量均有明显的季节性变化规律，从家畜的营养、生物量和采收加工等综合因素考虑，采收季节以 6 月底至 7 月中旬为宜。

③ 通过 3 年的研究，表明岩黄芪属植物较锦鸡儿属植物具有生长速度快，生物量积累量的特点。生长 2 年的岩黄芪属植物单株干重平均为 41.17g、产量干重为 2158.52kg/hm^2，锦鸡儿属植物单株干重为 7.09g、产量干重 351.87kg/hm^2，岩黄芪属植物单株干重、产量干重是锦鸡儿属植物的 5.8 倍、6.13 倍。生长 3 年的岩黄芪属植物单株干重平均为 104.38g、产量干重为 3132.63kg/hm^2，锦鸡儿属植物单株干重为 14.23g、产量干重 703.88kg/hm^2，岩黄芪属植物单株干重、产量干重是锦鸡儿属植物的 7.3 倍、4.45 倍。生物量的快速积累不仅为家畜提供了放牧利用的饲草，亦成为家畜过冬度春补饲的主要饲草，而且解决了牧民的薪柴问题，减轻了过牧和乱樵对环境的破坏，具有良好的生态效益和经济效益。

④ 灌木、半灌木生长随着其年龄的增长，可供家畜采食的幼嫩枝条所占比例逐渐下降。生长 2 年的岩黄芪属植物 8 月木质化枝条占总生物量干重的 53.82%，生长 3 年的木质化枝条占总生物量的 78.77%。生长 3 年的岩黄芪属植物的生物量季节变化是细枝岩黄芪、山竹岩黄芪在 6 月底达到 1 年的产量最高值 3541.20kg/hm^2、3370.22kg/hm^2，塔落岩黄芪的最高产量出现在 8 月达

4028.60kg/hm^2。因此适宜的收获季节因应在6月底到7月中旬进行。

⑤ 岩黄芪属植物根系在空间上的分布呈到金字塔形，根系主要集中在0~60cm土层内，占总根系重量的65.86%，0~30cm占44.42%；侧根分布在100cm土层以内，以10~40cm土层内数量居多，占侧根数的45.87%。主根在生长第3年达150~230cm。岩黄芪属植物的主根发达，深入地下，可以得到充足的地下水维持其生命过程，侧根多集中在10~40cm，有利于吸收季节性天然降水、对维持其生长起重要作用，因而在沙区表现出较强的抗旱性。

⑥ 平茬是一种有效的提高岩黄芪植物生物量和增加可食用部分的方法，株高比未平茬植株高17.07cm、单株干重增加32.90g、产量干重提高29.42%、基生枝条数增加1.91倍、叶面积增加56.89%、种子产量提高26.72%。平茬提高了家畜可食部分（叶+嫩茎）的产量，平茬岩黄芪属植株5—8月生物量中无老茎，以叶和嫩茎为主，而未平茬的岩黄芪属植株由于有上1年残留的枯死枝条，因而5—8月一直有老茎存在，在9月家畜不可食部分达到最大值，平均不可食用部分达77.79%。适宜的平茬时间应在植物生长的第2年，收割时间应在8月底以前进行。

⑦ 岩黄芪属植物均具有较低的植物水势，抗旱能力较强，年平均植物水势，细枝岩黄芪-4.02MPa<塔落岩黄芪-3.48MPa<山竹岩黄芪-3.26MPa，显著性检验3种岩黄芪年平均水势差异不显著。3种岩黄芪植物水势日进程变化是有规律的，呈到单峰形，黎明植物水势较高，随着空气温度逐渐升高，空气湿度逐渐降低，植物水势开始下降。

⑧ 3种岩黄芪脯氨酸含量年平均值为细枝岩黄芪96.469μg/g·DW>塔落岩黄芪90.448μg/g·DW>山竹岩黄芪76.766μg/g·DW，显著性检验3种岩黄芪脯氨酸含量年均值差异不显著（$P<0.05$）。脯氨酸季节性变化趋势看，3种岩黄芪均呈现脯氨酸在7月达最低值的趋势，但最高值出现却不尽一致。3种岩黄芪丙二醛年平均值为细枝岩黄芪85.294μmol/g·DW>山竹岩黄芪70.894μmol/g·DW>塔落岩黄芪65.041μmol/g·DW，但3种植物之间差异不显著（$P<0.05$），丙二醛含量季节变化的曲线也呈单峰形，既6月达到最大含量。

⑨ 3种岩黄芪的光合速率、蒸腾速率、水分利用效率、气孔导度季节变化基本一致，其最高峰值出现在8月，最低值出现在6月。3种岩黄芪光合速率6月日变化曲线呈现“双峰形”，在干旱胁迫下，植物的光合作用受到抑制，光合速率降低，在中午出现午休现象；8月光合速率呈现“单峰形”，胁迫缓解，光合速率上升，8月光合速率显著大于6月。6月蒸腾速率日进程均呈现“双峰形”，8月蒸腾速率日进程变化均呈“单峰形”，但峰值出现的时间不一致。8月蒸腾速率高于6月。3种岩黄芪气孔导度日均值为6月<8月，且两月之间差异显著。

说明植物为适应干旱胁迫，植物本身采取生理的变化以应对胁迫，在6月气孔导度降低，植物气孔关闭，减少水分散失，维持植物的正常生理过程。

⑩ 3种岩黄芪营养器官具有相同的旱生结构特征，其特征是，根次生结构中有发达的木栓层和导管，导管口径大小不一；茎部有发达的导水组织、机械组织和栅栏组织；叶和茎的表皮有较厚的角质层，气孔不同程度下陷，并具有较大的孔下室，被有表皮毛。栅栏组织发达，呈环栅形，海绵组织趋于退化，仅在叶脉之间分布，叶脉外围有一层薄壁细胞的维管束鞘，主脉韧皮部下侧有3~4层发达的机械组织；茎和叶中存在含特殊物质的异细胞等。应用抗旱指标对3种岩黄芪排序，抗旱特性最显著的是细枝岩黄芪，其次为塔落岩黄芪，山竹岩黄芪较弱。

⑪ 岩黄芪属灌木地的土壤有机质得到明显提高，全N、P，速效N、P由于植物的生长发育而出现下降趋势。土壤紧实度较原始样地有明显提高，减弱了风蚀作用。土壤温度和含水量也有所增加。

参 考 文 献

[1] 卢琦．中国沙情［M］．北京：开明出版社，2000.

[2] 乌云娜，裴浩，白美兰．内蒙古土地沙漠化与气候变化和人类活动［J］．中国沙漠，2002，22（3）：292-297.

[3] 任海，彭少麟．恢复生态学导论［M］．北京：科学出版社，2001.

[4] 朱俊凤，朱震达．中国沙漠化防治［M］．北京：中国林业出版社，1999.

[5] 扬持，刘颖如，刘美玲，等．多伦县沙质草原植被的变化趋势分析［J］．中国沙漠，2002，22（4）：393-397.

[6] 王涛．走向世界的中国沙漠化防治的研究与实践［J］．中国沙漠，2001，21（1）：1-3.

[7] 周欢水，申建军，姜英，等．中国西部沙漠化的分布、动态及其对生态环境建设的影响［J］．中国沙漠，2002，22（2）：112-117.

[8] 扬晓辉，张克斌，慈龙俊．中国荒漠化评价的现状、问题及其解决途径［J］．中国水土保持科学，2004，2（1）：22-28.

[9] 董光荣，吴波，慈龙俊，等．我国荒漠化现状、成因与防治对策［J］．中国沙漠，1999，19（4）：318-332.

[10] 王涛，赵哈林，肖洪良．中国沙漠化研究的进展［J］．中国沙漠，1999，19（4）：299-317.

[11] 王涛，陈广庭，钱正安，等．中国北方沙尘暴现状及对策［J］．中国沙漠，2001，21（4）：322-327.

[12] 赵哈林，赵学勇，张铜会，等．北方农牧交错区沙漠化的生物过程研究［J］．中国沙漠，2001，22（4）：309-315.

[13] 蒋德明，刘志民，寇振武．科尔沁沙地荒漠化及生态恢复研究展望［J］．应用生态学报，2002，12（12）：1695-1698.

[14] 张国平，刘纪远，张增祥，等．1995—2000年中国沙地空间格局变化的遥感研究［J］．生态学报，2002，22（9）：1500-1506.

[15] 张伟民，杨泰运，屈建军．我国沙漠化灾害的发展及其危害［J］．自然灾害学报，1994，3（3）：23-30.

[16] 闫德仁．库布齐沙漠文化与土地沙漠化的演变探讨［J］．内蒙古林业科技，2004，（2）：19-25.

[17] 姚洪林，闫德仁，杨文斌，等．内蒙古沙漠化土地发展潜势分析［J］．干旱区资源与环境，2003，17（1）：8-13.

[18] 李博文集编辑委员会．李博文集［M］．北京：科学出版社，1999.

[19] 张强，赵雪，赵哈林．中国沙区草地［M］．北京：气象出版社，1995.
[20] 刘瑛心．我国三北地区的固沙植物［J］．中国沙漠，1988，8（4）：11-17.
[21] 海玉生．流动沙丘和半流动沙丘四种主要沙生灌木造林技术初探［J］．新疆林业科技，1992，(1)：13-15.
[22] 漆建中．踏郎的生物生态学特性与栽培技术［J］．中国沙漠，1992，12（2）：33-40.
[23] 冯显遵．宁夏河东地区沙柳的生物学、生态学特性及造林技术的研究［J］．宁夏盐池农业资源与利用研究论文集，宁夏人民出版社，1997：117-123.
[24] 刘瑛心，黄兆华．植物治沙和草原治理［M］．兰州：甘肃文化出版社，2000.
[25] 刘存琦．灌木植物量测定技术的研究［J］．草业学报，1994，3（4）：61-65.
[26] 黄祖杰，闫贵兴，武宝国，等．塔落岩黄芪和细枝岩黄芪植株生物量蓄积特性及产量估测模型［J］．草业学报，1996，5（4）：35-40.
[27] 李钢铁，秦富仓，贾守义．旱生灌木生物量预测模型的研究［J］．内蒙古林学院学报（自然科学版），1998，(2)：25-31.
[28] 安守芹，张称意，王玉魁，等．四种沙生植物营养器官的比较解剖研究［J］．中国草地，1996，(3)：30-36.
[29] 燕玲，李红，刘艳．13种锦鸡儿属植物叶的解剖生态学研究［J］．干旱区资源与环境，2002，16（1）：100-106.
[30] 李正理，张新英．植物解剖学［M］．北京：高等教育出版社，1983.
[31] 徐汉卿．植物学［M］．北京：中国农业出版社，2003.
[32] 李正理．旱生植物的形态和结构［J］．生物学通报，1981，9（4）：9-12.
[33] 胡正海、宋玉霞．贺兰山不同生境旱生灌木的解剖学研究［J］．西北植物学报，1996，16（5）；69-76.
[34] 张晓然、胡正海．毛乌素沙地10种重要沙生植物叶的形态结构与环境的关系［J］．西北植物学报，1997，17（5）：54-60.
[35] 李广毅，高国雄，吕悦来，等．三种灌木植物形态特征及解剖结构的对比观察［J］．水土保持研究，1995，2（2）：142-145.
[36] 李政理，李荣敖．我国甘肃九种旱生植物同化枝的解剖观察［J］．植物学报，1981，23（3）：182-185.
[37] 张道远，张娟，谭敦炎，等．国产柽柳科3属6种植物营养枝的解剖观察［J］．西北植物学报，2003，23（3）：382-388.
[38] 黄振英，吴琼，胡政海．30种新疆沙生植物的结构及其对沙漠环境的适应［J］．植物生态学报，1997，21（6）：521-530.
[39] 黄子琛．荒漠植物的生态生理研究［A］．流沙治理研究（二）［C］．银川：宁夏人民出版社，1988.
[40] 蒋瑾．花棒和柠条蒸腾作用的研究［A］．流沙治理研究（二）［C］．银川：宁夏人民出版社，1988.
[41] 周海燕，赵爱芬．冷蒿和差不嘎蒿抗旱性机理的比较研究［J］．中国沙漠，1998，18（2）：56-60.
[42] 刘美珍，蒋高明，李永庚，等．浑善达克沙地三种生境中不同植物的水分生理生态特

征．生态学报，2004，24（7）：1465-1471.

[43] 蒋高明，朱桂杰．高温强光环境条件下3种沙地灌木的光合生理特点［J］．植物生态学报，2001，25（5）：525-531.

[44] 周海燕，张景光，赵亮，等．湿润条件下几种锦鸡儿属灌木的气体交换特征及调节机制［J］．中国沙漠，2002，22（4）：316-320.

[45] 周海燕，张景光，龙利群，等．脆弱生态带典型区域几种锦鸡儿属优势灌木的光合特征［J］．中国沙漠，2001，21（3）：227-231.

[45] 周海燕．科尔沁沙地主要植物种的生理生态学特性［J］．应用生态学报，2000，11（4）：587-590.

[46] 许红梅，高琼，黄永梅，等．黄土高原森林草原区6种植物光合特性研究［J］．植物生态学报，2004，28（2）：157-163.

[47] 马成仓，高玉葆，王金龙，等．内蒙古高原甘蒙锦鸡儿光合作用和水分代谢的生态适应性研究．植物生态学报，2004，28（3）：305-311.

[48] 周海燕，赵爱芬．科尔沁草原主要牧草冷蒿和差不嘎蒿的生理生态学特性与竞争机制［J］．生态学报，2002，22（6）：894-900.

[49] 周瑞莲，孙国均，王海鸥．沙生植物渗透调节物对干旱、高温的响应及其在逆境中的作用［J］．中国沙漠，1999，19：18-22.

[50] 陈鹏，潘晓玲．干旱和NaCl胁迫下梭梭幼苗中甜菜碱含量和甜菜碱醛脱氢酶活性的变化［J］．植物生理学通讯，2001，37（6）：520-522.

[51] 曹成有，蒋德明，阿拉木萨，等．小叶锦鸡儿人工固沙区植被恢复生态过程的研究［J］．应用生态学报，2000，11（3）：349-354.

[52] 黄富祥，王跃思，傅德山，等．毛乌素沙地低地草甸芨芨草—盐爪爪群落地上生物量对气候因子的动态回归分析［J］．草业学报，2001，10（4）：24-30.

[53] 张金林，陈托兄，王锁民．阿拉善荒漠区几种抗旱植物游离氨基酸和游离脯氨酸的分布特征［J］．中国沙漠，2004，24（4）：493-499.

[54] 蒋高明．植物生理生态学的学科起源与发展史［J］．植物生态学报，2004，28（2）：278-284.

[55] 朱志梅，杨持．草原荒漠化过程中植物的耐胁迫类型研究［J］．生态学报，2004，24（6）：1094-1100.

[56] 张景光，周海燕，王新平，等．沙坡头地区一年生植物的生理生态特性研究［J］．中国沙漠，2002，22（4）：350-353.

[57] 韩永伟，姚云峰，韩建国，等．吉兰泰地区退化梭梭光合生理生态特性［J］．草地学报，2001，9（2）：143-148.

[58] 马成仓，高玉葆，王金龙，等．小叶锦鸡儿和狭叶锦鸡儿的光合特性及保护酶系统比较．生态学报，2004，24（8）：1594-1602.

[59] 李雪华，蒋德明，阿拉木萨．科尔沁沙地4种植物抗旱性的比较研究［J］．应用生态学报，2002，13（11）：1385-1388.

[60] 苏永中，赵哈林，张桐会．几种灌木、半灌木对沙地土壤肥力影响机制的研究［J］．应用生态学报，2002，13（7）：802-806.

[61] 曹成有，蒋德明，金贵静．科尔沁沙地小叶锦鸡儿人工固沙区土壤理化性状的变化［J］．水土保持学报，2004，18（6）：108-131.
[62] 王玉魁，闫艳霞，安守芹．乌兰布和沙漠沙生灌木饲用营养成分的研究［J］．中国沙漠，1999，19（3）：280-284
[63] 许冬梅，崔慰贤，郭思加，等．毛乌素沙地几种沙生灌木养分含量的动态［J］．草业科学，2001，18（6）：23-26
[64] 安守芹，方天纵，赵怀青，等．五种固沙饲用灌木营养成分生长长期的动态［J］．干旱区资源与环境，1996，10（3）：69-74
[65] 王常慧，杨建强，王永新，等．不同收获期及不同干燥方法对苜蓿草粉营养成分的影响［J］．动物营养学报，2004，16（2）：60-64
[66] 马秀珍，赵怀青，白如珍，等．五种沙生饲用灌木营养动态的研究［J］．内蒙古林学院学报（自然科学版），1997，19（4）：41-44.
[67] 刘瑛．中国主要植物图说-豆科［M］．北京：科学出版社，1958.
[68] 博沛云．东北草本植物志［M］．北京：科学出版社，1996.
[69] 富象乾．内蒙古植物志［M］．呼和浩特：内蒙古人民出版社，1977.
[70] 中国科学院西北植物研究所．秦岭植物志［M］．北京：科学出版社，1981.
[71] 新疆八一农学院．新疆植物检索表［M］．乌鲁木齐：新疆人民出版社，1983.
[72] 吴征镒．西藏植物志［M］．北京：科学出版社，1985.
[73] 徐朗然．中国岩黄芪属植物的生态分化及地理分布［J］．西北植物学报，1985，5（4）：275-283.
[74] 贺示元．河北植物志［M］．石家庄：河北科学出版社，1986.
[75] 马德滋，刘惠兰．宁夏植物志［M］．银川：宁夏人民出版社，1986.
[76] 刘瑛心．中国沙漠植物志［M］．北京：科学出版社，1987.
[77] 郭本兆．青海经济植物志［M］．西宁：青海人民出版社，1987.
[78] 萨仁，赵一之，曹瑞．蒙古高原岩黄芪属植物的分类学研究［J］．内蒙古大学学报（自然科学版），1996，27（6）：675-681.
[79] 于卓，史绣华，孙祥．四种植物种子萌发及苗期抗旱性差异的研究［J］．西北植物学报，1997，17（3）：410-415.
[80] 曾彦军，王彦荣，萨仁，等．几种旱生灌木种子萌发对干旱胁迫的响应［J］．应用生态学报，2002，13（8）：953-956.
[81] 安守芹，于卓．四种固沙灌木苗期抗热抗旱性的研究［J］．干旱区资源与环境，1995，9（1）：72-77.
[82] 安守芹，于卓，孔丽娟，等．花棒等四种豆科植物种子萌发及苗期耐盐性的研究［J］．中国草地，1995，（6）：29-32.
[83] 黄祖杰，闫贵兴，武宝国，等．塔落岩黄芪和细枝岩黄芪植株生物量蓄积特性及产量估测模型［J］．草业学报，1996，5（4）：35-40.
[84] 黄祖杰，闫贵兴，武宝国，等．塔落岩黄芪、细枝岩黄芪及其变异型的生理特性研究［J］．草地学报，1996，4（1）：12-18.
[85] 冯利群，郭爱龙．杨柴木材的构造、纤维形态及其化学成分的分析研究［J］．内蒙古

林业科技，1997，（4）：45-47.
[86] 郑宏奎，高晓霞，冯利群，等．花棒的构造、纤维形态及化学成分研究［J］．四川农业大学学报，1998，16（1）：154-158.
[87] 孙书存，包维楷．恢复生态学［M］．北京：化学工业出版社，2005.
[88] 陈宝书．牧草饲料栽培学［M］．北京：中国农业出版社，2001.
[89] 陈默君，贾慎修．中国饲用植物［M］．北京：中国农业出版社，2002.
[91] 中国牧区畜牧气候区划科研协作组．中国牧区畜牧气候［M］．北京：气象出版社，1988.
[92] 何志斌，赵文智．半干旱地区流动沙地土壤湿度变异及其对降水的依赖［J］．中国沙漠，2002，22（4）：359-362.
[93] 王兵，崔向慧，白绣兰，等．荒漠化地区土壤水分时空格局及其动态规律研究［J］．林业科学研究，2002，15（2）：143-149.
[94] 张国盛，王林和，董智．毛乌素沙区风沙土机械组成及含水量的季节变化［J］．中国沙漠，1999，19（2）：145-150.
[95] Daniel D Evants. Water in Desert Ecosystems［M］. Stroudsburg：Dowden，Hutchinson & Ross，Inc.，1981，265-271.
[96] 叶冬梅，秦佳琪，韩胜利，等．乌兰布和沙漠流动沙地土壤水分动态、土壤水势特征的研究［J］．干旱区资源与环境，2005，19（3）：126-130.
[97] 李新荣，马风云，龙立群，等．沙坡头地区固沙植被水分动态研究［J］．中国沙漠，2001，21（6）：217-222.
[98] 冯金朝，周宜君，张景光．沙冬青对土壤水分变化的生理响应［J］．中国沙漠，2001，21（3）：223-226.
[99] 张学利，杨树军．干旱，半干旱地区林业用地土壤水分研究进展［J］．辽宁农业科学，2001，（3）：28-30.
[100] 方精云，刘国华，徐嵩龄．我国森林植被的生物量和净生产量［J］．生态学报，1996，16（5）：479-508.
[101] 冯宗炜，王效科，吴刚．中国森林生态系统的生物量和生产力［M］．北京：科学出版社，1999，1-6.
[102] Apps M J，Price D Teds. Forest ecosystem. Forest management and the global carbon cycle［M］. Berlin：Springer Verlag，1996.
[103] Jacques Roy，Bernard Saugier，Hatold A. Mooney. Terrestrial Global Productivity［M］. San Diegao，California：Academic Press，2001.
[104] 刘国华，马克明，傅伯杰，等．岷江干旱河谷主要灌丛类型地上生物量研究［J］．生态学报，2003，23（9）：1757-1764.
[105] 陈世璜，张昊，王立群，等．中国北方草地植物根系［M］．长春：吉林大学出版社，2001.
[106] Garnier E. Laurent G. Bellmann A. et al. Consistency of species ranking based on function leaf traits［J］. New phytologist. 2001. 152：69-83.
[107] Vendramint F.，Diaz S.，Gurvich D.，et al. Leaf traits as indicators of resource-use strategy in floras with succulent species［J］. New phytologist. 2002. 154：147-157.

[108] Meinzer F. Functional convergence in plant responses to the environment [J]. Ecologies . 2003. 134：1-11.

[109] 东北农学院．家畜营养 [M]. 北京：农业出版社，1982.

[110] 陈广庭．沙害防治技术．北京：化学工业出版社，2004.

[111] 杨持，常学礼，赵雪，等．沙漠化控制与治理技术 [M]. 北京：化学工业出版社，2004.

[112] 余叔文，汤章成．植物生理与分子生物学 [M]. 北京：科学出版社，1999，739-751.

[113] 周广胜．中国东北样带（NECT）与全球变化—干旱化，人类活动和生态系统 [M]. 北京：气象出版社，2002，3-6.

[114] 宋松泉，王彦荣．植物对干旱胁迫的分子反应 [J]. 应用生态学报，2002，13（8）；1037-1044.

[115] 周海燕．荒漠沙生植物生理生态学研究与展望 [J]. 植物学通报，2001，18（6）：643-648.

[116] 胡小文，王彦荣，武艳培．荒漠草原植物抗旱生理生态学研究进展 [J]. 草业学报，2004，13（3）：9-15.

[117] 蒋高明．当前植物生理生态学研究的几个热点问题 [J]. 植物生态学报，2001，25（5）：514-519.

[118] Kramer P J. Water relations among plants [M]. New York：Academic Pres，1982，6-9.

[119] Liu M Z，Jiang G M，Li Y G，et al. Leaf osmotic potential of 104 plants species in Hunshandak Sand land，Inner Mongolia，China [J]. Tress，2003，17：554-560.

[120] Jay E A. Factors controlling transpiration and photosynthesis in Tamarix chinensis Lour [J].ecology，1982，63（1）：46-50.

[121] Wang S M，Wan C G，Wang Y R. The characteristics of Na^+，K^+ and free praline distribution in several drought-resistant plants of the Alxa Desert. China [J]，Journal of Arid Environments，2004，56：525-539.

[122] Xu S H，An L Z，Feng H Y. The seasonal effects of water stress on Ammopiptanthus mongolicus in a desert environment [J]. Journal of Arid Environments，2002，51：437-447.

[123] Turner NR. Techniques and experimental approaches for the measurement of plant water status [J]. Plant Soil，1981，58（1）：339-362.

[124] 张治安，张美善，蔚荣海．植物生理学实验指导 [M]. 北京：中国农业科学技术出版社，2003.

[125] 曾凡江，张希明，李小明．柽柳的水分生理特性研究 [J]. 应用生态学报，2002，13（5）：611-614.

[126] Sobrado M A，Turner N C. Comparison of the water relations characteristics of Helianthus annuus and Helianthus petiolaris when subjected to water deficits [J]. Oenology，1983，58-309.

[127] 郝建军，康宗利．植物生理学 [M]. 北京：化学工业出版社，2005.

[128] Matos M C，Mantas V：Diurnal and seasonal changes in Prunnus amygdalus gas exchanges [J]. Photosynthetic，1998，（35）：517-524.

[129] Pastenes C, Horton P. Effects of high temperature onphotosynthesis in beans. Oxygen evolution and chlorophyll fluorescence [J]. Plant Physiology, 1996 (35): 15-44.

[130] De Lillis M., Fontanella A. Comparative phonology and during growth in different species of the Mediterranean maquis of central Italy [J]. Vegetation, 1992, (99): 83-96.

[131] 蒋高明，朱桂杰．高温强光环境条件下3中沙地灌木的光合生理特点［J］．植物生态学报，2001，25（5）：525-531.

[132] 孙儒泳，李博，诸葛阳，等．普通生态学［M］．北京：高等教育出版社，1992.

[133] 俞海生，李宝军，张宝义，等．灌木林主要生态作用探讨［J］．内蒙古林业科技，2003，(4)：15-18.

[134] 姚洪林，闫德仁，杨文斌．内蒙古沙漠化土地评价指标研究［J］．内蒙古林业科技，2002，(3)：18-22.

[135] Nish N S, Wierenga P J. Time series analysis of soil moisture and rain along aline transect in arid rangeland [J]. Soil Science, 1991, 152: 189-198.

[136] Bemdtsson R, Nodomi K. Soil water and temperature patterns in an arid desert dune sand [J]. Journal of Hydrology, 1996 (185): 221-240.

[137] Southgate R I, Master P. Precipitation and changes in the Namib desert duneecosystem [J]. Journal of Arid Environments. 1996 (33): 267-280.

[138] 李博，桂荣，王国贤，等．鄂尔多斯高原沙质灌木草地绒山羊试验区研究成果汇编［M］．内蒙古呼和浩特：内蒙古教育出版社，1995.

[139] Matthias A D, Warrick A W, Simulation of soil temperature with sparse [J]. Soil Science, 1987, 144 (6): 394-402.

[140] 王新平，张利平，刘立超．干旱沙区陆面蒸散量与土壤水分关系的数值计算［J］．中国沙漠，1996，16（4）：388-391.

[141] 王新平，李新荣，张景光，等．沙漠地区人工固沙植被对土壤温度与土壤导温率的影响［J］．中国沙漠，2002，22（4）：344-349.

[142] 黄富祥，高琼．毛乌素沙地不同防风材料降低风速效应的比较［J］．水土保持学报，2001，15（1）：27-38.

[143] 刘艳军，刘明义，张力，等．花棒带状沙障防风固沙试验研究［J］．中国水土保持，1997，(4)：23-26.